JN026101

口絵 1　植物の成長や競争などをリアルに再現するシミュレーションの一例．樹木は
　　　タイプごとに得意・不得意な環境があり，それぞれが光や水をめぐって競争
　　　している．興味のある方は参考文献の Sato et al. (2007) を参照してほしい．
　　　→p. 5

口絵 2　僕にとって早春のシンボルであるオオイヌノフグリ．季節が進んでいくとす
　　　ぐに背の高いほかの雑草に覆われてしまうはかない存在に感じられるが，日
　　　本の広い地域に定着する繁殖力としたたかさも兼ね備えている．　→p. 58

口絵 3　ハルジオンの咲き乱れる春の土手．ゴールデンウィーク頃によく見られる光景．
→p. 59

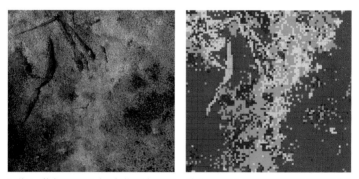

口絵 4　苔庭のコケを人工知能で識別する．複数の種類を同時に識別するのはむずか
しいのだが，かなり高い精度を達成することができた．　→p. 102

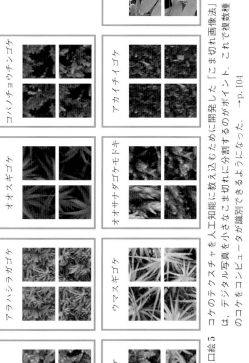

口絵 5　コケのテクスチャを人工知能に教え込むために開発した「こま切れ画像法」は、デジタル写真をこま切れなこまさなこまさいさなこまさに分割するのがポイント。これで複数種のコケをコンピュータが識別できるようになった。　→p. 104

ハイゴケ

アラハシラガゴケ

オオスギゴケ

コバノチョウチンゴケ

コケ以外

エダツヤゴケ

ウマスギゴケ

オオサナダゴケモドキ

アカイチイゴケ

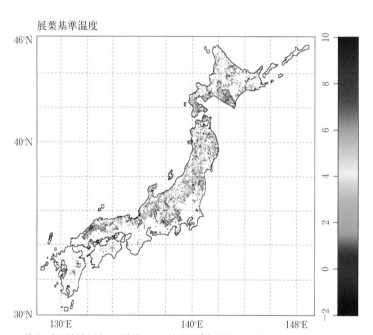

展葉基準温度

口絵 6　寒い地域と暖かい地域では，植物が「春が来た」と感じる気温が違う．あたりまえのことではあるが，それをビッグデータとシミュレーションで数値化することに成功した．　→p. 112

生態学は環境問題を
解決できるか？

伊勢武史 [著]

コーディネーター 巌佐 庸

KYORITSU
Smart
Selection

共立スマートセレクション

31

共立出版

まえがき

　僕は生態学者である．生態学とは生物学の一分野で，生物が周囲の環境のなかでどのように生きているかを考える学問だ．ほかの生物学とは違って，生物単体ではなく，環境のなかでの生物の生きざまを考えるのが生態学の特徴といえる．ここでいう「環境」には，生物が暮らす場所の気候や地形などに加えて，ほかの生物の存在も含まれる．たとえばアフリカのシマウマにとってみれば，自分を食べようとするライオンがいる環境といない環境では，暮らし方が大きく異なるだろう．同時に，あるシマウマにとって自分の隣にいるシマウマは，あるときは群れで天敵を警戒したりする仲間であり，別のときは限られた量の食べ物を奪い合うライバルである．このように，生物にとっての環境とはいろいろであり，僕ら生態学者が考えるべきこともまた多いのである．

　人間という生物にとっても，環境は大事だ．人間が快適に暮らすには良い環境が必要な一方で，人間は環境を破壊したりもする．人間の数が増えて，また人間の技術が進歩することで，人間はどんどん自然環境を変えていく．「21世紀は環境の世紀」といったりするように，近年環境問題が叫ばれているのも道理だ．

　環境に良いことを世間では「エコ」という．エコとはエコロジーの略だが，エコロジー（ecology）とはそもそも生態学のことを指す．本来環境問題を考える学問は，環境学または環境科学（英語ではenvironmental studiesやenvironmental scienceという）なのだが，どうも世間ではエコといいたがる．これは日本だけでなく英語圏で

も同様だ．たしかに，環境にやさしいことをいうときに「エンバイロンメントフレンドリー」なんて言葉じゃまどろっこしい．「エコフレンドリー」のほうがしっくりくるのもうなずける．

しかし，世間で環境がらみの話題が「エコロジー」とくくられてしまうと，本来の意味のエコロジー，つまり生態学が専門の僕らも，環境問題について何らかの貢献を求められているような気持ちになってくる．そして生態学を研究していると，必然的に環境のことを意識する機会が増えてくる．そんなとき生態学者は，ぼんやりと「自分は環境学の専門家でもある気がする」みたいな意識をもってしまうのではなく，しっかりと環境学の基礎を身につけたいと思うのである．環境学は生態学とは違った学問であり，生態学者が環境学をきちんと学んでいるとは限らないのである．

こんなわけでこの本では，自責の念も込めつつ，「自然や生き物を愛する人が知っておくべき環境学」を語っていきたい．環境問題を考えるときに大事なのは，「視野」だと思う．生態学など理系の科学は物事の「部分」に着目し，研究をつきつめる．だから生態学者は，自分が関心をもつ生態系や特定の生物については詳しいものの，地球全体を見渡して考えなければならない問題の理解や，多くの視点を総合する必要のある問題にあまりなじみがない．一方で環境学では，「全体」を理解するための視野をとても大事にする．これまで，「自分は自然が大好き」「自然についてよく知っている」と思っていた人にこそ，この本を読んでいただきたい．もちろん，環境学に入門してみたいという人も大歓迎だ．

目　次

人と自然と環境問題

　地球のことや，そこに生きる生物のこと．そして僕ら人間のこと．いろいろ考えていると不安になることがある．僕らを心配させるその原因のひとつは，環境問題じゃないだろうか．たとえば，地球温暖化は気温や降水量を変化させるから，多くの生物が暮らす環境に影響を与えることだろう．酸性雨や水の汚染も，自然界で生活している多くの生物に影響を与えることだろう．人間が自然環境に与える影響は多様だ．地球規模での環境破壊から局所的な汚染まで，本当に幅広い．それらを総合的に考えるにはどうしたらよいのだろう．この章では，環境問題について正しく理解するための基礎知識を学んでいこう．そしてまずは，僕がなぜ環境問題と生態学に関心をもち，それをライフワークとすることにしたのか，恥ずかしながら自伝的なお話をさせていただきたい．

1.1　僕が自然の研究をはじめたわけ

　僕はナニモノなのか．肩書きや業績を並べることは簡単だけれ

ど，本当のところナニモノかというと，自分でもよくわからなくなってくる．四国・徳島県のいなかで僕は生まれ育った．生家は農家で，当時も現役で活躍していた明治時代の足踏み水車（用水路から人力で水を汲み上げて田んぼに入れる木製マシンのこと）で遊んだり，ザリガニ・フナ・メダカ・ゲンゴロウなどとたわむれたりしながら幼少時代を過ごした．

こういう経験は，自然を研究してる人にはわりとよくあるエピソードだ．「子どもの頃から自然が好きだったから自然を研究する人になりました」なんていうのは，たしかにわかりやすい．しかし，10代から20代にかけて，僕には屈折の時期があった．この経験がその後の研究にも生き方にも大きな影響を与えていると思うので，少し語らせていただきたい．

僕の家族は中学生のときに崩壊した．それまで家族をまとめていた祖父が急死し，その跡取りを決めることになったのだが，いい年をして仕事をまともにしていなかった僕の父は，長男にもかかわらず家を追い出されることになったのである．経済的な問題で，僕は大学に進学できなくなった．勉強は学校でいちばんレベルでできたほうだったけれど，突然前途が閉ざされたのだ．親に行かされたのは工業高校．大学に行かないなら高校で手に職をつけとけ，という意図だ．しかし，お行儀よく高校を出て就職して社会人におさまる気にもなれず，中途半端な状態でさまよっていた．いま思えば，アルバイトや奨学金で大学に通う苦学生をしたらよかったのに，当時はそんな気にもなれなかった．自分の置かれていた状況にふてくされていたのだと思う．工業高校を卒業したあとは，朝は魚市場でアルバイトをして，昼間は趣味の釣りをして，夜は学習塾でアルバイトするような，先の見えない生活をしていた．

人生の目的がよくわからない．しかし，そんなときでも漠然と，

「何かの専門家になりたい」，そして「何かを表現したい」なんていうことは考えていた．大学に行っていなくても優秀であることを証明したいと思い，司法試験の勉強をしたこともある．とにかく世の中を見返してやりたいと思っていた．しかし，この状況から抜け出すのは困難であることにもうすうす気がづいてはいた．どうせこのまま行っても楽しいことがない人生．でもそれって，捨てるのを迷うほど価値のあるものが何もないってことで，むしろ身動きしやすいんじゃないかと，ある日突然気がづいた．「学歴がなくても優秀であることを証明したい」などという屈折したプライドは，真っ先に捨てればよい．大学を出ていないのがくやしいのなら，大学に行けばよいのである．

このとき僕は 25 歳．年齢的に気づくのは遅かったが，やっぱり大学に行かなくちゃだめだと思った．というわけで，進学のためのお金を貯めつつ戦略を練った．どうせ自分の人生を変えるんならできるだけ大胆にやってやろうと思い立ち，アメリカの大学に行くことにした．選んだ大学はワイオミング州にあった．アメリカで人口のいちばん少ない州だ．留学ガイドブックを立ち読みしていて，学費と生活費がいちばん安かったから，という理由で選んだ大学だったけれど，自然に興味をもっていた僕にとって，有名なイエローストーン国立公園が近くにあるというのはすばらしいことだった．

大学入学後は真剣に勉強した．屈折の時期を経たからこそ，迷いなく妥協なく勉強できたのかもしれない．主に勉強したのは生態学と環境学だ．学んでいくうちに，自然のすばらしさ，環境問題の大事さや深刻さを深く認識するようになった．いま思うと，このときに形づくられた考え方が，その後の僕の研究にも人生にも重大な影響を与えているんじゃないかと思う．卒業研究では，博士課程の先輩とともにイエローストーン国立公園の研究をした．くる日もく

4

図 1.1　イエローストーン国立公園で掘り出した木の根っこを，隣接するグランドティートン国立公園内のワイオミング大学の研究施設で洗っている様子．このあと乾かして重さをはかることで，植物がどのくらい二酸化炭素を吸収したかを調べるのだ．

る日も，マツの木を切り倒し，根っこを掘り起こす肉体労働．これは，イエローストーンの約半分を焼きつくした大規模な森林火災（1988 年）のあとの十数年で，どの程度森林の二酸化炭素吸収の機能[1]が回復したかを調べるものだった（図1.1）．

　フィールド調査はハードな一方でやりがいも大きく，忘れられない経験となった．しかし同時に，こういう研究の「社会への出口」はどこにあるんだろう，と深く悩みはじめた．フィールド生態学の研究者が苦労してデータをとって，それをもとに論文を書いて公開するその行為が，環境問題を解決することにどうつながるのか，そこが気になりはじめた．

---

[1]　樹木は光合成によって，大気中の二酸化炭素を吸収して成長している．木の幹や根っこをつくっている主な物質は炭素で，それはもともと大気中の二酸化炭素だったものだ．このように，樹木が成長することで大気中の二酸化炭素が減るという効果が生じる．これを植物の炭素固定という．

「僕の論文を政治家が読んで，政策を変えたりすることが本当に
あるんだろうか？」

「いや，ない」

というのが当時の自問自答の結論だ．そこで僕は，大学院では生態
学者というスタンスを保ちながらも，環境問題に対してダイレクト
感のある研究をすることにした．

　研究手法として選んだのはコンピュータシミュレーションだっ
た．植物の光合成や成長については，それまで世界中のさまざまな
研究者が調べてきたのだが，それをコンピュータのなかで再現する
という分野は当時まだまだ未開拓で，専門としている科学者は数少
なかった．しかし，シミュレーション再現がうまくいくと，世界中
の植物の挙動を推定することが可能になる．それを使って未来を予
測したり地球温暖化の影響を解明したりなど，環境問題にダイレク
トにかかわる生態学の研究ができるようになるのである（**図1.2**）．

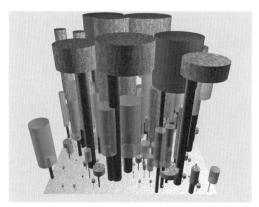

図1.2　植物の成長や競争などをリアルに再現するシミュレーションの一例．樹木はタ
　　　イプごとに得意・不得意な環境があり，それぞれが光や水をめぐって競争し
　　　ている．興味のある方は参考文献のSato et al. (2007) を参照してほしい．
　　　→ 口絵1

　よく考えると，シミュレーションはすごく便利な道具である．フィールドでどんなに頑張っても，1日で1本の木の根っこを掘り起こすのが精一杯（細い根っこも切らないように注意して掘らなくてはいけないので，とにかく骨が折れるのだ）．しかしシミュレーションなら，コンピュータにまかせておけば，森全体の樹木の光合成や成長を推定するのも簡単だ．「環境が変わると植物の反応も変わる」という応答をうまく入れたシミュレーションなら，世界中の熱帯雨林・サバンナ・タイガ・ツンドラに至るまで，いろいろな場所の植物のことがわかる．そうすると，植物が地球全体でどのくらい二酸化炭素を吸ってるのかがわかる．

　こんなふうにコンピュータシミュレーションなら，生態学者として環境問題の解決に一役買うことができるんじゃないかと考えるようになった．そしてハーバード大学の博士課程に進学することになったのだが，そこでもまた紆余曲折があった．それはまたあとでお話することにしよう．

1.2　共有地の悲劇：環境問題はなぜ起こる？

　まずは，環境問題が起こるメカニズムについて考えてみることにしよう．ここでは，環境問題の本質につながる，ひとつのたとえ話を取り上げる．とても単純な話だけれど，読者のみなさんには真剣に向き合ってほしい．それはギャレット・ハーディンという人の論文で有名になった共有地の悲劇という話——．

　むかし，ヨーロッパの農村には，共有地とよばれるスペースがあった．共有地は村人の誰もが利用していい場所で，農民たちはそこに自分の牛を放牧し，牛たちは共有地の草をはんで成長する．このシステムで村の平和が保たれていたのだが，あるとき知恵のある農民Aは，こう考えた．「オレの牛の数を増やして，自分が食べる以

上の牛乳や牛肉を生産し，それを町で売ったら儲かるな」——そして彼は，それを実行に移した．農民 A は成功し，金持ちになった．それを見ていたほかの村人たちは，成功者を模倣し，自分たちも牛の数を増やすことにした．

　すると，村人たちの現金収入は増え，豊かになっていった．その一方で，共有地の草は目に見えて減りはじめた．そのとき農民 B はこう考えた．「このままでは草がなくなり，村じゅうの牛は共倒れになってしまうだろう．我が家の牛の数を減らそうかな」．すると彼の妻は言った．「うちが牛の数を自主的に減らしたら，それをいいことに，隣のずるがしこい農民 C が，さらに牛の数を増やすだろうね．うちだけが自主的に牛を減らしたって，結局はどうにもならないのよ」．

　こうして近い将来，共有地の牧草がなくなったとき，僕らはみんなで共倒れすることになるのだろうか？　覚えていてほしいのだ

図 1.3　広さが有限な草原に生息する牛の数が増えたら草原は持続可能でなくなるのは誰にでもわかる．でも，わかっていても解決できないのが環境問題のもどかしいところだ．

が，村人はバカじゃない．「このままでは村が崩壊する」という危機感をもつ人は多い．それがわかっていてもなお，共有地の悲劇は起こる．自分が行動を変えるだけで済むなら，問題は比較的単純だ．自分が我慢すれば問題が解決するなら，そうするだけの理性を備えた人は多いだろう．しかし，いろいろなタイプの人がいる社会では，個人的な良識ある行動は徒労に終わることが多い．このような問題を解決するのは，たいへんむずかしい．そしてまさにこれが，環境問題の本質なのである（**図 1.3**）．

1.3 食生活と共有地の悲劇

お寿司が世界的なブームになったため，クロマグロ（魚屋さんでは「本まぐろ」とよばれる）が絶滅の危機に瀕している．この理由は誰でもわかる．世界中の漁船が先を争ってクロマグロを捕獲するから，数が減っているのだ．

それでは，別のたとえ話を考えてみてほしい．ステーキを食べるのが世界的なブームになったら，牛は絶滅の危機に瀕するだろうか．この答えも，簡単にわかるだろう．世界中でたくさんのステーキが消費されても，牛は決して絶滅しないだろう．

クロマグロと牛の違いは何か．あらためて考えてみてほしい．そう，市場に流通するほぼすべてのクロマグロは天然モノだから，みんなが先を争って捕獲すると数が減る．あたりまえの話だ．その一方，世界で流通する牛肉は，ほぼすべてが飼育されたものだから，ステーキがブームになっても牛は絶滅しない．それどころか，牛肉の需要が増えれば，世界中の牧場主は飼育する牛の数を増やすだろう．牧場主は先のことを考え，母牛や種牛は売らずに残しておく．そして子どもを産ませ，数年後にその子を出荷して儲けるのだ．母牛や種牛を残し，子牛が育つまでの数年間我慢することで，より多

くの収入を得ようとする行動．これが牛の数を安定させている（実際には，農場主は子牛を専門の業者から買ってきて育てることが多い．だとしても，子牛を売る業者は子牛を絶やさないように先のことを考えて商売するわけだから，このたとえ話の意味は変わらない）．

　ところがクロマグロの場合，漁師は，本来は親となって子孫を残すべき大物のマグロを獲ってしまう．数年待てば，大物のマグロはたくさんの子孫を残すはずなのに，漁師はそれを待たない．なぜなら，いま自分が我慢しても，隣の漁師が「これ幸い」と獲ってしまうからだ．話のスケールを広げると，日本人が団結してクロマグロを獲らないことにしても，世界のほかの国が獲ってしまうことになれば，結局クロマグロは絶滅に瀕する．そのうえ日本人だけが損をする．だから漁師は，このままでは将来絶滅するかもしれない，マグロ漁は壊滅するかもしれない，との不安を抱いていても，漁をやめることができないのだ．マグロは公海（どの国の領海でも経済水域でもない海）という「共有地」を自由に泳ぎ回るゆえに，共有地の悲劇が生じる．一方，牛は私有財産であるがゆえに，牧場主は先のことをよく考えて計画し，絶滅の危機は生じないのだ．

1.4　環境問題とNIMBY

　地球温暖化や大気汚染，水質汚濁，ゴミ処理の問題．現代の共有地の悲劇は，マグロの獲りすぎだけではなく，さまざまな環境問題を引き起こしている．僕らが生活するとゴミが生まれる．そのゴミは，どこかで誰かが処理しなくちゃならないことはわかるんだけど，そのために手間やお金はかけたくない．自分が私有する領分がゴミに侵されるのはイヤだから，自分の目に触れることのないどこか遠くでゴミを処理してほしい．こんな感覚が共有地の悲劇を生む．

　走っている車から，道路にタバコの吸いがらを捨てる人がいる．なぜ自分の車のなかに捨てないのだろうか．自分の所有する車が汚れたらイヤだ，車内が燃えたらイヤだ，と思うからだろう．その一方で，共有地である道路が汚れようが，道ばたで火事が起ころうが，自分の財産に被害はないから平気，という感覚なのだろう．このような感覚を，英語の環境学の教科書では「not in my backyard（NIMBY）」と呼んでいる．自分ちの裏庭はやめてくれ，という意味だ．たとえば，ゴミ処理場は世界のどこかには必要なことはわかるけど，近所につくるのはやめてほしい，という感覚だ．日本では葬祭施設などでも NIMBY を根源とした反対がよく起こる．葬祭施設が近所にできることに反対する人は，自分は永遠に死なないつもりなのだろうか？　NIMBY は環境問題の本質をついている．自分だけよければ他人はどうでもいい．これが公害などの環境問題が生じる心理的な根源だといえる（**図1.4**）．

図1.4　ゴミは，ときに長い旅をする．島根県・隠岐で観察したゴミの例．外国から流れ着くゴミが存在する一方で，日本から流れ出すゴミもまた多いことを忘れてはならない．

　地球温暖化だって，それはある意味「ゴミ」の問題だ．文明活動から出てくる無色透明の「ゴミ」，それが二酸化炭素だ．このゴミは，共有地である大気に捨てられて，温暖化を引き起こす．世界中の人がこのゴミを捨てている．でも，ゴミを減らすための努力（省エネや代替エネルギーの導入）はたいへんだ．だから，「自分よりもあいつのほうが悪質だ」「あいつが先に改心しない限り，オレも生活を改めない」というような言い訳で国際会議で争っているのが，温暖化問題の本質なのである．

1.5　共有地の悲劇を解決するには？

　今回は共有地の悲劇について考えているが，では，どうしたらこの問題を解決できるのだろうか．ひとつのやり方は，共有地を分割してすべて私有地にすることだ．村の共有地を分割して私有の牧場にしてしまえば，最初に考えたヨーロッパの村のような問題は，すぐに解決できるだろう．

　でも，これだけではうまくいかないこともある．世界の「環境」には，本質的に分割が不可能なものが多いからだ．たとえば，マグロが回遊する海に柵をつくって，魚が自国の領海から出て行かないようにすることはできない．あるいは，大気に戸を立てて，他国の二酸化炭素が流れ込むのを止めることはできない．

　そうなると，僕らにできることは，おのずと決まってくる．読者のみなさんもお気づきだろう．解決策のひとつは，ルールづくりである．「村のおきて」をつくって，「牛の数は一家に1頭だけ」というように決める．そして，そのルールを破った者には何らかのペナルティを与える．実力行使できるだけの強制力があれば，村の共有地の悲劇は解決されるだろう．国際的な環境問題も同様に考えてみる．すべての国が強制力のある条約を結ぶ．違反した国にペナルテ

図1.5 発展著しい中国. 地方都市でもピカピカの車がたくさん走っている.

ィを課す. これがうまく機能すれば, 多くの環境問題は解決するだろう.

　ところが現実には, うまくいかないことも多い. 世界各国は, それなりに筋のとおった理由をつけて, 自国のわがままを通そうとするからである. たとえば, 国と国との平等の問題がある. 中国やインドなどの新興国が発展し, 先進国並みに二酸化炭素を出すようになったら？ 彼らが先進国並みにグルメになったり, エアコンやラグジュアリーカーをガンガン使うようになったりしたら？ そうしたら世界の環境問題はさらに深刻化するだろう. だから新興国の発展を規制せよ, みたいな身勝手な論調もある. しかし, 考えてみれば, アメリカや日本などの先進国がいま豊かな理由は, 温暖化が問題になる前に石炭石油をガンガン燃やしてきたから, そして自然保護が叫ばれる前の時代に天然資源を乱獲してきたからともいえる. 世界人類が平等な権利をもつのならば, 新興国の国民も, 僕らと同じクオリティの生活を追求する権利があるんじゃないだろうか. な

らば，新興国に対しては規制を緩めてあげるべきじゃないんだろうか．このようなわけで，一律のルールを決めるのはたいへんむずかしい（**図 1.5**）．

1.6 「良かれと思って」の功罪

　わざと自然環境や社会環境を悪化させようと思って行動する人はあまりいないだろう．僕らは自分なりに，正しいと信じている行動をしている．その行動は自然や社会に良いことだと思っているわけだ．でも，結果としてその行動が逆効果になることも多々ある．それが環境問題のむずかしさだと思う．

　その例は枚挙にいとまがない．たとえばフロンガス．フロンガスは，エアコンや冷蔵庫の冷媒として広く使用されてきた．フロンガスが発明される前はアンモニアが冷媒として使用されていたそうだが，アンモニアは不安定で扱いにくかった．そのため，とても安定しているフロンガスが開発されると，「夢の物質」として歓迎され，世界中で広く用いられるようになった．しかし，私たちの日常の生活環境では便利なフロンガスも，その安定性があだとなり，次第に大気中で濃度を上げていく．そして大気圏の上層まで到達し，紫外線が当たって分解され，その結果オゾン層を破壊することがのちにわかった．オゾン層が破壊されると地表面に降り注ぐ紫外線が増加し，皮膚がんなどの健康被害を引き起こす．そのため，フロンガスの使用は制限されるに至った．フロンガスが開発されてから何十年間も，人類は「良かれと思って」フロンガスを使い続けてきた．しかし，フロンガスが開発された当時は思いもよらない形で，それは環境問題を引き起こしていたのだった．

　日本でも，「良かれと思って」の功罪の例は多々ある．たとえば外来種の問題．沖縄や奄美に分布するハブは猛毒で，人や家畜がか

まれて死に至ることもある．そこで人びとは，ハブの新たな天敵と
なることを期待して，獰猛な小型哺乳類のマングースを移入するこ
とにした．たしかに，マングースはヘビと出会うと，うまくたたか
って相手を殺すことが可能だ．しかし，マングースの立場からする
と，危険な相手であるハブをわざわざ狙うよりも，もっとおとなし
い生き物を狙うほうがずっと楽だ．そして，これまで獰猛な哺乳類
のいなかった沖縄や奄美の島々には，マングースにとって簡単な獲
物はたくさんいたのだった．たとえば，ヤンバルクイナやアマミノ
クロウサギなどの固有種や絶滅危惧種がそうだ．このようなわけ
で，在来の生物多様性への悪影響が生じていることから，いまでは
マングースは「特定外来生物」に指定され，積極的な駆除が進めら
れている．連れてこられたマングースに罪はないのだが，益獣から
害獣へ，人間の都合で扱いが変わってしまった（図1.6）．

図1.6　マングースは，持ち込むよりも駆除するほうがずっとむずかしい．奄美大島や
　　　沖縄本島では，大規模で継続的な捕獲作戦を実施して，根絶，少なくとも分
　　　布拡大の抑制を目指している．

　ハブを減らすことが期待されてマングースが移入されたように，天敵を導入することで何かをコントロールしようとすることを，「生物的防除」という．マングース以外にも，生物的防除には悲しい歴史がある．たとえばカダヤシという魚．「蚊を絶やす」からカダヤシという名前になったように，カダヤシは蚊の幼生であるボウフラを食べることが期待され，日本に移入された．英語ではモスキートフィッシュとよばれることからも，ボウフラの駆除に有効だと考えられていたことがよくわかる．蚊はマラリアや日本脳炎など，多くの健康被害を及ぼすことがあるため，蚊の駆除は公衆衛生の役に立つはずだ．約半世紀前の論文（佐藤ほか，1972）を読むと，こうした目的で移入されたカダヤシは蚊の数を減らすことにつながったと結論づけている．この論文では，天敵の導入による害虫駆除は，殺虫剤のように毎年の散布が不要なので手間いらず，一度繁殖すればお金もかからない，殺虫剤と違って環境問題を引き起こさない，とされている．このように鳴り物入りで導入されたカダヤシだが，結局ボウフラを減らすことにはあまり役立たなかった．その反面，彼らはメダカなど日本在来の魚のエサやすみかを奪うことがわかってきた．結果的にカダヤシは特定外来生物に指定され，駆除が進められることになった．

　厄介な外来種として取り上げられるブラックバスやブルーギル，アメリカザリガニやショクヨウガエル．これらも，そもそもは「良かれと思って」日本に連れてこられたものだ．よく育ち，食べておいしい外来種で日本の食卓を豊かにしようという善意が，かえって日本の生態系を破壊する事態になってしまったのである．

　このように環境問題は，「良かれと思って」がスタートになることも多いから厄介だ．「いいことを思いついたら，まずやってみよう」なんていうことがある．ふつうの「失敗」ならそれでもいい

16

し，失敗から学べることも多々あるものの，環境問題や生物多様性に関する「失敗」はたいへんで，取り返しがつかないことがある．やっちゃいけない失敗もあることを肝に銘じて，良いと思ってもしっかり考えることが大事だと思う．自分が環境科学や生物学の専門家だと思っている人も例外ではない．沖縄へのマングースの導入を進めたのは，当時の有名な学者だったのだから．「まず行動しよう」は逆効果になることもある．環境問題のいろいろな側面を総合的に考え，慎重に行動することが求められるのだ．

　以上のように，人間が良かれと思ってしてきたことは，たしかに僕らを幸せにしてくれる一方で，環境問題を引き起こしてもいる．僕らがもつべき視点は，「文明はベストな答えだから環境問題なんて気にしなくていい」ではなく，「文明は悪だからすべて捨てて原始時代に戻れ」でもなく，文明の恩恵を享受する一方で，その負の側面にも目をつぶらず，賢く，時空間的[2]に広い視野で後先を考えるべきなのだと思う．

1.7　環境問題は単純ではない

　どんな環境が「良い環境」で，それがどうなったら「悪い環境」なのだろうか．環境を「良くする」ために何をしたらいいのだろうか．最も基本的なはずのこの疑問だが，実はこれに答えるのは単純ではないどころか，不可能なんじゃないかと思う．なぜなら，環

---

[2] この本ではしばしば「時空間」という考え方が出てくる．SF アニメに出てくるような言葉だが，実は環境問題を考えるときに必要な考え方だ．いまが幸せでも将来破滅がやってくるのだとしたら，僕らは時間を意識しなければならない．僕らが幸せでも世界のどこかで破滅が起こっているなら，僕らは空間を意識しなければならない．これらを合わせて時空間とよぶ．環境問題を考えるには，時間と空間の両方を意識しなければならないのである．

境問題を測る「指標」がいくつもあるからだ．ゴミの量，雨のpH，二酸化炭素排出量，生物多様性指標など……．生物多様性指標を高めるためにお金と労力をじゃぶじゃぶ使えば，その指標を短期間で高めることはできる．しかしそのように局地的にプラスとなる行動は，世界全体でいうと，二酸化炭素排出量を増加させることにつながるかもしれない．これをトレードオフという．先進国では森林公園がきれいに整備される一方で，発展途上国の熱帯雨林は破壊され続ける．局所的なエコと地球全体のエコは矛盾することもあるのだ．それならもっと，グローバルな問題に目を向けるべきではないのだろうか．僕らは常にこういう判断にさらされている．そして，正解は決してひとつに決まらない．でもあきらめるのではなく，常に学び続け，考え続ける必要がある．

　「自然大好き」な行動はエコではないことも多々ある．たとえば，自然が大好きだから，大きな四輪駆動の車で山に行く人．実はそれ，エコではない．車が引き起こす環境への負荷を数字で計算すると，休日は部屋にこもってテレビゲームをしているほうが，ずっとエコだったりする．エコについては，漠然としたイメージにとらわれず，冷静に数字で計算する姿勢が必要だ．二酸化炭素は無色透明な気体で，車から大気に直接排出される．ゴミ袋につめて収集に出すものではないから，自分がゴミを出していることに気づきにくいのかもしれない．だからこそ，直感ではなく数字に直して考えるのが大事だ．

　僕自身，フィールド研究をするときは車を使うし，出張には新幹線や飛行機を使ったりする．こうして二酸化炭素を排出してしまうのだが，僕の研究が，いつかまわりまわって，世界の環境問題の解決のちょっとした役に立つことを信じて行動している．たとえば，地球温暖化防止のために各国の研究者や官僚が大勢，毎年集まって

図 1.7 　車がなければ行けない・できない調査もある．僕は最寄りの町まで 100 km 近くあるカナダの泥炭地で炭素循環の研究をしていた．この調査で排出した二酸化炭素を相殺してあまりある成果を出して自然を守ってやろうと常に思っている．

会議をするわけだが，みんな飛行機に乗って二酸化炭素を排出しながらやってくる．温暖化防止をいうなら飛行機で出張するな，などということを言う人もいるが，それは短絡的な考え方だと思う．彼らは，それを相殺してもあまりある温暖化抑制の効果を出すために会議に参加しているのだから（図 1.7）．

1.8 　この本について

　科学を分類する方法はいろいろあるけれど，そのひとつに，基礎科学と応用科学に分けるというやり方がある．基礎科学は，研究対象についての「真理」を探究するのが基本である．たとえば天文学者は，とある星雲がどのくらい地球から離れた場所にあって，どのような物質によって構成されているかという「真理」を知るために研究しているかもしれない．一方，応用科学は，科学の知識を活かして人間や社会を何らかの方法で幸せにするための学問である．た

とえば，医学や薬学は，生物学の基礎知識を利用して，人間をより健康にするという目的をもっている．

　生態学そのものは，基礎科学に分類できるだろう．環境のなかで生物がどのように食べたり住んだり競争したり繁殖したりしているかという「真理」を調べる学問だからだ．しかし，環境保全を実施するのは応用科学である．基礎科学で得られた真理を活用し，何らかの主観的な目的に沿って，何らかのゴールを目指して活動することだからだ．もちろん，基礎科学と応用科学のどちらが大事だとか，どちらが高級な学問だとかいうつもりはまったくない．どちらも同様に尊い学問だし，車の両輪のように，バランスよく発展させていくことが重要だと思っている．

　ただし，基礎科学と応用科学をまたにかけるとき，僕らには覚えておかねばならないことがある．純粋な真理の探究の結果を用いて何らかのゴールを目指した活動を起こすとき，「客観」から「主観」への変化が生じるということだ．環境保全などの応用科学では，主観的な価値判断を必然的に行うことになるのだ．

　生態学者は，自然の生態系について理解するために研究している．では，理解することは何の役に立つの？　生態学者にこうたずねる人もいることだろう．このご時世，すべからく学問は，何らかの形で社会の役に立つことが期待されている．僕たち国立大学教職員のスポンサーである納税者は，学問が役に立つことを期待している．好きなことを好きなようにやってりゃいい，という浮世離れした牧歌的な研究環境は，もはや日本の大学に存在しないのかもしれない．

　そんななか，生態学が何かの役に立つとすれば，真っ先に思いつくのが環境保全かもしれない．自然界の生物のことや生物同士のつながりを学ぶことによって，生物がうまく暮らせるように環境を整

えたり，生物が絶滅せずに多様性を維持できるような工夫をしたりするためには，生態学の知識は欠かせない．この本では，「自然や生き物が好き！」という僕らの素直な気持ちと専門性をうまく活用して，自然保護や環境保全に役立てるためのヒントを提供したいと思っている．

環境倫理と歴史

　人間には生まれつき，良心が備わっている．良心は，人類が原始的な暮らしをしていた時代に，僕らのご先祖さまが首尾よく生存し，繁殖することに役立ってきたことだろう．「家族で仲良く」「友だちと仲良く」「食べ物は平等に分け合う」などなど，良心に従うことがプラスになることはよくわかるだろう．この章は，このような「倫理観」をテーマにしよう．

　それでは，環境問題についての良心，「環境倫理」は，生まれつき人間に，本能的に備わっているだろうか．原始時代（旧石器時代）の人口密度はとてつもなく低く，現代のようなテクノロジーがなかったこともあり，原始時代には環境問題がそれほど大きくなかったとも考えられる．しかし，文明は飛躍的な発展を遂げることとなった．並外れて巨大な頭脳をもつに至った人間は，やがて農耕や牧畜をはじめることによって社会を安定させ，文明の発達につながった．そして大航海時代，産業革命，人口の爆発的な増加……．こうして人類の発展は環境を大きく変えることが次第にわかってき

た．地球の大きさと，そこで養える人口には限界があることもわか
ってきた．環境問題は，人間の文明が発展したからこそ生じた問題
だ．原始時代の人類には，その場所の環境を劇的に変えてしまうほ
どの能力はなかったから，環境意識が心理に植えつけられる必要は
なかったといえるだろう．ということは，原始時代のこころを引き
ずっている僕ら人間の直感だけでは，環境問題を解決するのはむず
かしいともいわねばならない．

2.1 アメリカの環境意識

　環境や自然に対する人びとの意識や考え方を，環境倫理（envi-
ronmental ethics）という．そもそも，自然や環境のことを気にか
けたり，愛したり，誇りに思ったりする気持ちからスタートしない
と，自然保護は成り立たないと思う．僕が大学生時代を過ごしたア
メリカでは，環境倫理についての教育と研究が盛んだった．自然保
護の歴史やさまざまなスタンスを学ぶことで，僕なりの環境意識が
形成されていったと思う．ここで少し思い出してみる．

　ひとくちに「自然保護」といっても，人によって考え方に大きな
違いがあるのはおわかりだろう．「何のために自然を保護する必要
があるんだろうか．結局，自然保護は人間のためなんだ」と考える
人は多い．そのような考え方の元祖はアメリカにある．アメリカ政
府の US Forest Service（日本の林野庁のような組織）の礎を築い
たピンチョー（Gifford Pinchot）は，「ワイズユース（wise use）」
という考え方を提唱した．自然をどのように利用すればワイズ（賢
い）か，後先を考えようという倫理観である．当然ながら，森の木
を一度にすべて伐採してしまえば，その後の数十年間は木材が得ら
れず，伐採の影響で土砂災害などが起こるかもしれない．そこで，
目先の利益だけではなく，将来のことも考えて「賢く」自然を利用

しよう，という考え方なのだ.

　ピンチョーの考え方は，もちろん一理も二理もある，きわめてまっとうな思想である. ただしその根底には，「自然は人間が利用するために存在する」という考えがある. 無秩序に利用したらあとで人間が困るから，賢く利用しようというわけである. たとえばアメリカの国有林（National Forest）では，木材の伐採や，鉱物資源の採掘，キャンプ場やスキー場など，多目的な利用が推進されている. 「the greatest good for the greatest number（最大多数の最大幸福）」をスローガンに，自然の利用を進め，管理を行っている. しかし，果たしてこれだけの理論的根拠で自然を管理してよいものなのだろうか. この考え方だけだと，人間に利用価値がない自然は破壊してしまってもよいということになってしまう.

　そんなときに考えるべき思想が，ミューア（John Muir）のものである. 自然は，人間が経済的・実利的な価値を見出すかどうかにかかわらず，そこに存在する価値と権利がある. アメリカの国立公園（National Park）の運営には，このミューアの思想が色濃く反映されている. 経済的な採算よりも，自然のありのままの姿で保全すること. たとえ人間にとっての経済的価値がなくてもだ. 観光客の都合よりも，自然保護を優先すること. 例外は多々あれど，アメリカの国立公園はこういった思想を基本として運営されている. このように，アメリカの国立公園と国有林は別の環境思想に基づいていて，それがアメリカの自然管理のバランスをとっているのかもしれない（**図 2.1**）.

　環境倫理について考えるとき，レオポルド（Aldo Leopold）も忘れてはならない. レオポルドは，自然に対して良心をもつべきだと説いた. 人間は，お互いに対して良心をもつことで，人びとが安定して共存できる社会をつくり出している. 人間は社会的な動物

図 2.1　ヨセミテ国立公園にて．かつてミューアが，ルーズベルト大統領と登って自然保護を訴えたハーフドームを臨む．いつか登ってみたいものだ．

で，そのようにして繁栄してきた．人は，人に対して良心をもてるのならば，自然に対しても同様の良心をもつべきではないだろうか．それがレオポルドのメッセージだ．自然に対しても良心をもてば，無茶な利用，後先考えない乱用はしないだろうし，利用する際も敬意を払うことだろう．そのようにして人間は，これまでも・これからも，自然と良好な関係を保って生きていける．レオポルドはさらに，自然に学ぶことの重要性を強調した．人間は自然とどのように付き合っていけばよいのか，自然をしっかり観察し，自然と人間の関係性の歴史から学ぶことで，僕らは人間の役割を理解し，どのように付き合っていけばよいかがわかるのだ．

2.2　近現代の環境意識

　20 世紀初頭から中頃にかけて，ピンチョー，ミューア，レオポルドたちの環境倫理が生まれ，発展してきた．それと同時に，人類

の活動の規模もどんどん大きくなっていった．人は，石油を燃やし
て自動車を駆り，巨大な船を浮かべ，世界中を飛行機で駆けめぐ
り，宇宙にまで飛び出すようになった．そんなときに発表されたの
が，ローマクラブの『成長の限界』（1972）という論文である．そ
れまでは漠然とした認識だった，地球の広さと資源には限界がある
ことをはっきりと説得力のある形で示し，その後の環境運動に大き
な影響を与えた．いまでは資源に限界があることは誰でも知ってい
る常識だが，つい半世紀ほど前は，みんなうすうす気づいてはいた
ものの，しっかり考えてはいなかったのだ．何となく惰性で目先の
技術や経済活動を発展させたらいいんじゃないかと思っていた人類
に，明確に「このままじゃやばい」と警鐘を鳴らしたのが『成長の
限界』だった．いまでは，地球の資源に限界があること，地球が受
け入れられる環境汚染にも限界があることは常識だけれど，それは
ほんの半世紀ほど前に広まってきたものなのだ．環境問題の歴史っ
てそんなもの，日が浅いのである．

　いわゆる「shallow ecology」と「deep ecology」の対比も，環
境倫理を考えるうえで重要だ．それは，むかしのピンチョーとミ
ューアを彷彿とさせる．shallow ecology に分類される考え方で
は，人間にとって使える価値があるから自然を守る．未来の人間が
困るから，持続可能な利用を考える．このような「利用」が思想の
大事な部分に入ってる時点で，shallow ecology は人間中心の思想
だ．「生態系サービス（自然の恵み）」という尺度で自然の価値を測
る考え方も，この一種である．もちろん，shallow ecology に分類
される倫理をもつ人たちは，自分たちが「shallow（浅い）」だと
は宣言しない．彼らは彼らなりに，自然のことと人間のことを真剣
に考えているのである．

　「shallow ecology」というレッテルを貼って彼らをディスったの

は，「deep ecology」を提唱している人たちだ．deep ecology は，自然は，存在すること自体に価値があると考える．この考えの賛同者は産業や資本主義に反感と不信感をもつ人も多い．自然のままの生態系や環境を守ることが優先という考え方をもっている．ちなみに僕は，ハートは deep ecology だけれど，それだけでは世の中を動かせない・変えられないことを知っているので，客観的に経済学的な議論をしたいと思っている．思想や宗教の違いのような議論になると，永遠に合意できないことを知っているので，あえて敵の懐に飛び込むために生態系サービスという考え方を使って，「自然を守るのはお得ですよ」と伝えている．

2.3 環境問題は実は倫理の問題

　環境問題は，実は倫理的な問題だ．僕たち人間はそれぞれ，何が大事で・大事じゃないか，また，何が正しく・間違いかの基準をもっている．そしてその基準が，すべての人のあいだで共通ではないために，環境問題が生じるのだ．倫理の問題は，文化や宗教の問題にとても近いものといえる．信じる宗教が異なれば，「正しい行い」が異なるのはわかるだろう．宗教に優劣をつけるのがむずかしいのと同様に，環境倫理について優劣をつけるのもたいへんむずかしいのである．

　「shallow ecology」を人間中心主義（anthropocentric）とよぶならば，「deep ecology」は生物中心主義（biocentric）ということになる．何を中心に据えるかによって，正しい判断は異なってくる．生物中心主義の場合，生物や生態系は，存在するだけで価値があると見なす．原生林を守るため人を立ち入らせない，そこで工業も農業も観光もさせない，ただ自然を守るんだ！というような判断もありうるだろう．人間中心主義の場合，人間に役立つかどうか

で，その生物や自然を守るべきかどうかが変わってくる．となると，誰も興味を示さない地味な動物は絶滅しても構わないが，多くの人に愛され経済効果ももっているパンダは絶滅しないほうがいい，ということになってしまうかもしれない．

　環境倫理で考えるべきことはほかにも山積みだ．たとえば，「世代間の平等」がある．いま僕たちが好き勝手に生きて汚染物質を排出し，資源を枯渇させてしまえば，我々のあとの世代が困る．よって持続性をもたせるため，後先を考えつつ節度をもって環境を利用しなければならない，という考え方になる．しかしこれには，technological optimism という反論がある．時代とともに科学技術は進歩していく．だから将来，いま我々が問題としていることは解決されているだろう．したがって僕らの世代は，自分たちだけのことを考えて生きたって OK，という考え方だ．

　いま僕らは，地球温暖化を止めようとして，乾いた雑巾を絞るような努力をしている．でもそれって，technological optimists にいわせると，将来は笑い話になるかもしれないのだ．たとえば，常温核融合が開発されたり，とても効率のよい太陽光発電技術が実用化されたりなど，技術革新によって，石油を使うよりも，再生可能・クリーンエネルギーのほうが経済的ということになったら，その時点で温暖化問題は根本的解決に向かうことだろう．気候変動の研究をするときに僕らは 100 年先のことを考えている．でも，いまから100 年前の人が予想していた「100 年後の未来」は，だいたいは笑い話だ．100 年後の未来人は，僕らが予想するような問題では悩まずに，想像もできないような問題で悩んでいるかもしれない．しかしもちろん，technological optimism も万能ではない．たとえば，火力発電が地球温暖化を引き起こすのが問題なら，原子力発電を使えばいいではないかと考えていた人も多かった．しかし，日本人が

嫌というほど思い知ったように，それは深刻な結果を生むことになった．科学を過信してはならないことを，僕たちは思い知ったはずである．

　それでも科学は，環境保全の敵ではない．科学は，環境問題を含めていろいろな問題を解決してくれる．ただし，それをどのように使うかは私たち人間次第である．科学だけでは十分ではない．科学をどう使うのか，みんなが考える必要があり，だからこそ環境倫理を学ぶ必要があるのだ．新しい技術を諸手を挙げて採用するのにも，慎重にならないといけない．世の中には，特に環境問題には，取り返しのつかないことがいろいろあるからだ（外来種のマングースやブルーギルのように）．

　先進国と発展途上国の格差も倫理的な問題だ．温暖化は地球規模の問題ではあるが，その悪影響を特にこうむるのは発展途上国である．たとえば熱波，伝染病，海面上昇，過剰な農業に由来する砂漠化などの被害を受けるのは主に発展途上国だと考えられている．アメリカなどの先進国がどんどん二酸化炭素を排出するため起こる温暖化．その被害を強く受けるのは発展途上国．この図式に倫理的な問題を感じることだろう．

　ここまでで考えてきたように，ひとくちに「自然保護」「環境保全」といっても，人によりその考え方はさまざまである．自然保護を社会や経済と両立していこうと考える穏健な人もいれば，自然こそが最優先すべき存在で，社会や経済は悪でしかないと考える人もいる．極端な例を紹介しよう．人間は自然にとって悪でしかないから，人間が絶滅するのが最良の自然保護である．だから，緩やかに人間が絶滅する方向に向かって進もう，と勧める環境保護団体も存在する（The Voluntary Human Extinction Movement（VHEMT）という活動．この活動に賛同する人たちは子どもをつくるのをやめることで，

徐々に人口を減らしていくわけだ）．そこまでいかないにしても，例外なくすべての原生林の伐採は禁止，例外なくすべてのクジラ漁は禁止，と主張する環境保護団体も存在する．その一方で，人間の役に立つものは守る，役に立たないものは破壊してもいいと考える人びともいる．役に立つ自然がなくなってしまったらあとで困るので，持続可能なように節度をもって利用しよう，と主張するのも環境保護活動のひとつだといえる．このように，環境保護活動にはさまざまなタイプがあり，過激なものから穏健なものまで，多種多様なのだ．

Box 1　もし人が自発的に人口を減らす世界になったら

　世界中の人たちが VHEMT に同意して，子どもをつくらなくなったらどうなるだろう．彼らの狙いどおり，人間のいない地球は実現するだろうか．生物学者として，僕はそうは思わない．「自発的に子どもをつくらない」という考え方（進化生物学では「戦略」と表現する）は，不安定だからだ．人間を含め，生物にはバリエーションがある．この Box では，「世界中の人たちが VHEMT に同意した」と仮定してみる．しかし，その同意の度合いにも個人差があることだろう．ある人は，心底同意して，その主張を一生曲げないかもしれない．別の人は，実は心が揺れているかもしれない．何十年か経過したら，地球の人口はだいぶ減ってくるはずだ．そんなとき，心の揺れていた誰かが，おきてを破って子どもをつくってしまったら．その人の子孫は，すっかり人口が減って高齢化が進んだ世の中を急速に支配することだろう．そしてやがて訪れる，その人の子孫によって構成される新たな世の中を支配するルールは，「多くの子孫を残した者が成功者」になる．つまり，これまですべての生物を支配してきたルールに逆戻りすることになるのだ．結局これがすべての生物を支配するルールで，これに成功した生物は繁栄し，失敗した生物は絶滅する（このルールは「安定」しているので，一度廃止されたとしても，やがて復活するのだ）．繁殖

に長けたグループは繁栄し，繁殖を抑えるグループの血脈は絶え，絶滅する．このルールから，人間を含めたすべての生物は逃れられないのである．

2.4 自然の「人権」

考えてみると，「人権」は興味深い概念だ．日本国憲法では，第13条で，「すべて国民は，個人として尊重される．生命，自由及び幸福追求に対する国民の権利については，公共の福祉に反しない限り，立法その他の国政の上で，最大の尊重を必要とする」と定められている．人権についてはいろいろな考え方があるけれど，そのなかのひとつとして，人間は，社会の役に立っているかどうかだけで人権を制限されたりしない，というものがある．たくさん仕事してたくさん納税する人はたしかに立派だけれど，いろいろな理由で仕事ができない人や社会的保護を必要とする人もいる．そのような人たちにも人権は認められている．役に立たないからといって社会から抹殺するべきだ，とはいえないのだ．

このような考え方を自然や生態系にあてはめることも可能かもしれない．自然に「人権」を与えよう，ということは，その自然が直接社会に役立ってなくても，自然を守ろう，という方針となる．ちなみに，人間の役に立つから守ろうという考え方は生態系サービスで，それは shallow ecology に分類されるとこの章で学んだ．人間に役に立つ自然も，役に立たない自然も，両方とも存在する権利をもっていることを示すには，人権という考え方を自然に応用するとわかりやすいかもしれない．自然に人権を与えることには，すでに実例がある．たとえばニュージーランドのファンガヌイ川は，政府から人間と同様の法的権利を与えられている（図2.2）．

図2.2　川が，ただそのまま流れ続ける権利を認めること，それにしかるべき敬意を払うこと．こういう考え方もありなのかもしれない．

　興味深いことに，日本国憲法には，「公共の福祉に反しない限り」人権は尊重されるべき，と書かれている．ということは，「公共の福祉」に重大な問題を引き起こすときは，人権は制限されることもあるということになる．たとえば，道路の建設が進んでいるのに，たった1軒が立ち退かないために工事が完了しないようなときは，強制的に立ち退かせることがある．これは個人の権利（居住の自由）を奪うことにほかならないけれど，結果として「公共の福祉」，つまり大勢の人びとの益になるなら，個人の権利を奪うこともありうる，という考え方だ．

　この考え方を自然の「人権」にあてはめてみると，むやみやたらに開発をしてはいけない，林業や観光などで直接の収入が得られなくても，森はそこに存在するだけで価値がある．ただし，局所的に開発して道路などを通すのは，それが公共の福祉のためならばありうるということになる．こう考えると，自然保護と人間の経済活動

を，なかなかうまくバランスできるような気もする．

　deep ecology 的な考え方だけですべての環境倫理を押し通そう
とすると，すべての自然はどこも開発できなくなる．極端な例でい
えば，人間は絶滅したほうがまし，などという考え方に行きついて
しまう．自然も人間も，同じような権利をもって共生していると考
えれば，いろいろなタイプの人びとがそれなりに共存できている日
本の国のように，自然と人間もお互いを尊重して，敬意をもって接
していけるのかもしれない．

③

答えはひとつに決まらない

　僕はもともと，自然界に存在する法則に興味をもったので生態学を学びはじめた．それは，少し大げさにいうと，世界にひとつだけしかない真理を見つけるための学問だ．生態学だけではなく，分子生物学・宇宙物理学・有機化学などなど，自然界の真理を探究する学問は数多く，これらは自然科学とよばれる．自然科学は，状況によって最適な答えが変わる社会科学や応用科学とは異なっている．この本で学んでいるように，絶対の正解がそもそも存在しない環境問題は，自然科学の考え方だけでは解決できず，社会科学や応用科学の視点をもつことが重要となる．にもかかわらず，環境問題にも自然科学の考え方をあてはめてしまい，「環境問題の解決には絶対的な正解がある」と考えてしまう人も多いような気がする．自然を愛しすぎるゆえに，○○は絶対的な悪だ！正解は○だ！という主張をする人がいる．自然保護に限らず，何かが好きすぎると異論を認めなくなるというのはよくある話だ．この章では，環境問題が抱えるむずかしさについて考えてみよう．

　また，環境学は「学際的」といわれる．学際的というのは，複数の学問の考え方を融合することが必要とされる，という意味だ．自然科学の考え方だけでは，環境問題を解決するのはむずかしい．環境問題の「答え」がひとつに決められないことが多いのは，見る角度によって問題が別のものになるからだ．そして，複数の視点をもつためには，学際的な考え方が不可欠だといえる．この章では，答えをひとつに決められない問題を具体的に取り上げて，バランスのとれた視点も身につけていこう．

3.1　何年前がいいの？

　自然保護や環境保全にまつわる議論にかかわると，よく出くわす問題がある．僕はそれを「何年前がいいの？」問題とよんでいる．日本の国土と生態系は，いま人間のいきすぎた活動によって自然が破壊されている，とよくいわれる．それではいったい，何年前の姿に戻すのが「ベスト」なのだろうか？　数万年前の日本列島にはほとんど人が住んでおらず，その大半は原生林で覆われていたはず．では，自然環境を回復するということは，なるべく原生林に近づけるのがよいのだろうか．しかしある人は，別のことをいう．江戸時代，日本の森林の多くは「里山」として持続可能な利用がされてきた．人間が手を入れるからこそ守られる自然がある．里山の生物多様性は高くなる．だから里山こそが理想的な日本の姿だと．どっちの主張が「正しい」のだろうか？　自然科学の考え方だけでは，どちらかを絶対の正解とはいえないことに，読者のみなさんはお気づきだろう．原生林か里山か，どちらが好ましいかは人間の主観に委ねられる．人間の主観によって判断が左右されるため，純粋に自然科学の理屈だけで答えを出すことはできないのだ．

　少しバランス感覚のある人は，原生林と里山のどちらも大事だ．

だから場所によってそのふたつのどちらかを選べばよいのだ，なんていうかもしれない．しかし依然として，この考え方も主観から逃れられていない．どの場所を原生林にするか，里山にするかを決めるのは，やっぱり人間の主観だから．このように，環境保護の答えはひとつに決められないということを，関係者全員で共有することはとても大事だと思う．環境保護の現場は，「自分の考えが正しい」と考える人たちの，イデオロギーのぶつかり合いである．そんなとき僕らは，絶対に正しい答えなど存在しないことを認識することで，無用な争いを避けられるかもしれない．関係者で話し合い，その場所・その時代に合った答えを探すしかないのだから．

3.2　原生林は「手つかずの自然」であるべきか？

　そもそも日本の原生林は，どの程度「手つかずの自然」なのだろう．むかしから人口密度がそれなりに高かった日本では，原生林といっても，狩猟や釣り，山菜採り・きのこ採りなどで，かなりの奥山まで利用されてきたことは想像に難くない．現実的に考えると，日本の原生林は「皆伐など大規模な人間の介入がなされたことがない森」のような認識でいるのがいいのかもしれない．僕が管理運営を担当している京都大学芦生研究林の天然林は「芦生の原生林」として人びとに親しまれているが，ここもむかしから木地師とよばれる人たちが利用してきたことが知られている．木地師とは，森の木を素材として，お椀やおたまなどの道具をつくる職業だ．森のなかの気に入った場所にしばし住みついて製品をつくり，やがて旅立つ．このように日本各地を移動して暮らしていたようだ．彼らは素材に適した樹木だけを利用していたと考えられるので，大規模な伐採は行われていなかった．このように「芦生の原生林」は，むかしから散発的な人の利用はあったものの，比較的手つかずだったとい

図 3.1　芦生研究林に広がる原生林．長年にわたる競争を勝ち残ってきた樹木が大木になり，やがて枯れて朽ちていく．巨大な倒木がごろごろしているのも原生林の特徴なのだ．

う意味で，原生林とよばれている．過去に誰かが利用したことがあるからといって，原生林としての価値がゼロになるわけではない．熱意のある人ほど短絡的に「100 かゼロか」で判断してしまうけれど，100 点の自然でなくとも，80 点でも守る価値はある，というような考え方が必要になると思う（**図 3.1**）．

3.3　人はどこまで自然に介入すべきか：ノータッチ？それとも人為で人為を打ち消す？

　自然の生態系に人間が介入しないのが自然保護だとする考え方がある．人間が自然破壊をするのならば，人間を寄せつけないようにすることが自然保護だ．たしかにこれはわかりやすい．しかし，これが成り立ったのは古き良き時代．広域の環境問題の影響が如実に現れはじめた 20 世紀後半以降，この考え方ではむずかしい自然保護も数多い．そもそも，すでに地球上には人間の影響が皆無な場所

は存在しない．地球温暖化・オゾン層の破壊・酸性雨などの環境問題の影響は非常に広範囲に及ぶため，これらの影響を完全に逃れた生態系など，もうないのだ．

　いま日本の森では，シカが増えすぎたことの影響が大きいといわれている．シカは野生動物だが，シカが増えたことには間接的に人間の行動が関係している．日本列島からオオカミを絶滅させたことで，シカの天敵がいなくなった．オオカミが絶滅したあともしばらくは人間が，狩猟という形でシカの数を減らしていたが，最近の過疎化や高齢化で狩猟はあまり行われなくなった．こういう人間の行動が，野生動物であるシカの増加を招いている．

　シカは野生動物なので，土地所有や自然保護の区分などお構いなく，どこにでもどんどん進出してくる．もちろん原生林にも．そのため芦生研究林の原生林もシカに食い荒らされて，下草や灌木が見るも無残な状態になっている．これを，「自然の推移にまかせる」として放置していたら，絶滅危惧種の植物がシカに食べられすぎて絶滅してしまうかもしれない．そして，シカの増加は広い範囲での問題であり，芦生研究林だけで解決できるものではない．芦生研究林で頑張ってシカの数を減らしても，まわりからどんどん入ってきてしまう．地球温暖化や酸性雨もしかり．特定の土地所有者や特定の国や地域だけが頑張っても，地球スケールの環境変化は止められない．すべてがローカルスケールで完結する問題なら放置で構わないが，スケールが大きくなると，何らかの対策が必要になる．

　芦生研究林では，人間のせいでシカが増えてしまったのなら，人間が手を加えてシカを減らそう，あるいはシカが入れないように柵をつくろう，という方針を採用している．これは，人為に人為を重ねる行為だともいえるが，人為の影響（オオカミが絶滅した，猟師が減少した）を打ち消すような人為を加えることで，結果的に人間の

38

影響を最小化しようという試みだ．しかしそうなると，自然の管理者はパンドラの箱を開けることになる．ベストなシカの数はどのくらいなのだろう．シカの駆除や防除柵の設置のためにはこれが必要になるのだが，それを決めるとき人間の主観が入ることは避けられない．答えは決して，ひとつには決まらないのである．

　もちろん，古典的な非介入の自然保護が成り立つことも多い．たとえば，ライオンが草食獣を襲う，ヘビがカエルを食べる，などの食物連鎖については，基本的に非介入であるべきだ．人間は弱いほうの動物に肩入れしてしまう傾向をもっている．特にサメやハイエ

図3.2　からみ合うツル植物．ときにツル植物は，最初に取りついていた樹木が枯れてしまっても，隣の木に伸ばしていたツルが引っかかることで生き延びるという戦略をとる．

ナなど，見た目の人気がイマイチ（？）な肉食動物がからむと，草
食動物を応援したくなる気持ちは強くなるかもしれない．しかしそ
こはぐっとこらえて，自然の摂理を尊重したい．ちなみに，ツル植
物が樹木にからむのも，非介入でいくしかない．それも原生林の，
自然の真実のひとつなのだ（**図 3.2**）．

3.4　保全と利用のはざま

　人と自然がかかわるとき，人間の利益を優先して利用に重点を置
くか，それとも自然保護を優先するか．これも答えがひとつに決ま
らない問題である．単純にどちらかの方針をとるだけですべての問
題が解決することはなく，うまく折り合いをつけることが必要だ．
芦生研究林では，「ゾーニング」によって対応している．芦生研究
林は大学の教育と研究のために管理されている森だが，近畿地方有
数の原生林を抱えているため，一般のハイキング客への人気も高
い．だからといって，無秩序に利用者を入れてしまえば，貴重な原
生林が破壊されたり，踏み荒らしで樹木が弱ったり，希少種の動植
物が持ち去られたり，外来種が持ち込まれたり……，などなどその
弊害は枚挙にいとまがない．そこで芦生研究林では，広大な芦生研
究林のうちの一部分（アクセスが比較的容易で，原生林でないエリア）
を一般のハイキング客に開放し，その一方で核心地である原生林へ
の立ち入りを制限している．核心地にどうしても入りたいハイキン
グ客には，認定された業者によるガイドツアーへの参加を必須とし
ている．このように，場所により制限を変えるのがゾーニングであ
り，一般市民による利用と原生林の保全の両立を行っている．
　幸い，芦生研究林は京都大学がその全体を管理しているから，運
営方針を決めるのは比較的容易だった．ところが，事情がもっと複
雑な場所もある．ここでは白神山地を例にしてみよう．白神山地は

秋田県と青森県にまたがっている．そしてこれが根源的な問題の原因ともいえる．自然を中心に考えると，白神山地というかたまりは，気候などの環境条件が似ていて，生物が移動したり繁殖したりするのに好都合なかたまりである．しかし，日本の社会を考えると，山地・山脈というのは行政区分の境界に使われることがとても多い．そのため白神山地もご多分にもれず，秋田県と青森県の県境を構成している．自治体には地方自治が認められていて，それ自体は良いことなのだが，県ごとの方針の違いが悲劇を生むことは多々ある．秋田県は世界自然遺産に登録される前から白神山地の観光利用に消極的だったが，青森県は積極的だった．どの程度観光客を入れるかは答えがひとつに決まらない問題である．観光客を制限して自然保護を進めるという考え，観光客を誘致して地域振興を進めるという考え，どちらも一理あるからだ．そして，観光客に対する姿勢の溝はついに埋まらず，世界自然遺産登録後，秋田県と青森県がそれぞれ別のビジターセンターを建て，異なる方針で運営することになってしまった．山地や山塊は，生息地やなわばりという意味でひとかたまり．しかし山地や山塊は行政区分であることが多く，人の管理方針が異なる．これが悲劇を生むのだ（**図3.3**）．

　白神山地は原生林とはいえ，むかしから人びとは狩猟採集や信仰などで森を利用してきた．白神山地という特徴的な自然があったからこそ，その地域には独特で固有の文化が育ったといえる．一律に入林禁止・利用禁止としてしまうと，それは地域の文化を衰退させることにつながる．それでは，地域の人には既得権として利用を許し，都会から来る人は拒むべきなのだろうか．ちなみにこれは，indigenous rights という考え方になる．日本語に直すならば，「原住民」あるいは「地元民」の権利である．しかしこの権利も，いろいろな問題をはらんでいる．たとえば，世界的に禁漁が叫ばれてい

図 3.3　白神山地の青池には，多くの観光客が訪れる.

るクジラのなかま（クジラ目）[1]の生物が目立つ例だ.

3.5　文化か自然保護か

　現代では，クジラを獲ることは倫理的に悪いことと考え，捕鯨を一律に禁止するというのが世界的な潮流なのだが，その例外が認められる場合もある. たとえば，アラスカに住むイヌイットの人びとには，クジラを伝統的な方法で狩猟することが認められている. 西洋人が大規模な商業捕鯨をする前から彼らは地元でクジラを獲って生きてきたため，それを続ける権利が認められているのである. 同様に，日本でも太平洋側の一部の地域で，伝統的な方法でイルカ漁をしている. これも，大規模な商業捕鯨がはじまる前から続いてい

---

[1]　イルカとクジラは，生物学的に同じ種類に属している. クジラ目という大きな分類のなかで，一部の小型のクジラが慣習的にイルカとよばれている.

るものだ．しかし，よく考えてみると，先進国（日本もそうだし，ア
ラスカ州が属するアメリカ合衆国もそうだ）に住む現代人は，基本的に
クジラやイルカを捕まえなくても飢え死にすることはない．ほかの
仕事で現金収入を得て，スーパーマーケットなどで多彩な食品を買
うことができるからだ．伝統だから，という理由で例外的に捕鯨を
認めるのはありなのだろうか．

　先進国のお金持ちが，アフリカで大型の野生動物をハンティング
するというレジャーをご存じだろうか．狩猟の対象には絶滅危惧種
や希少種が含まれることもあるが，一応その国のルールでは合法と
されている．レジャーとしてのハンティングになじみのない我々日
本人にとっては，これは何となく，倫理的に悪い気がする．では，
貧しい発展途上国の人びとが食料を得るために狩猟をするのはよい
のだろうか？　スポーツハンティング・レジャーハンティングは，
食べるための狩猟とどう違う？　伝統的な道具（弓矢など）と，高
性能なライフル銃とでは何が違う？　大型哺乳類を獲物にしたハン
ティングと，魚類をターゲットとした釣りはどう違う？　お金を出
せばアフリカゾウやライオンを合法的にハンティングできるが，そ
れは日本人がウナギを食べることとどう違う？　（ちなみにアフリカゾ
ウやライオンよりもウナギのほうが，絶滅危惧種のリストのなかでは絶滅
の危険性が高いとされている）．考えはじめると，いろいろな疑問が湧
いてくる．そしてこれらは，決して自然科学だけで答えが見つかる
話ではない．社会科学を入れても，答えはひとつに決まらない．時
代の流れや場所によって，答えは転がる石のようにころころ入れ替
わるからだ．なお，哺乳類をターゲットとしたハンティングと魚釣
りを比較すると，日本人は前者に高いハードルを感じる一方，後者
では家族ぐるみで気軽に親しむ人が大勢いる．しかし，動物の命を
奪っているという点では，ハンティングも釣りも，どちらも同じだ

ということも可能だ．日本人は単に釣りに親しみが深く，ハンティングが身近でないだけのことかもしれない．哺乳類を殺すのは「殺生」だが，魚類を殺すのはそこまで罪深いことではないと，むかしの日本人は考えていた．そのためにいまでも日本人は，レジャーとしての釣りは OK，レジャーとしてのハンティングは NG，というように考えるのかもしれない．ちなみに欧米のベジタリアンには，かわいそうだから食べない人，自分の健康のために食べない人，などいろいろタイプがあるが，かわいそうだから食べないタイプの人は，たいてい哺乳類も魚類も食べない．このように，「かわいそうな殺生」の基準をどこに置くかは，文化や宗教の影響が大きいといえる．ウナギについてもそうだ．日本人はむかしからウナギは食べるものと考え，その一方でアフリカゾウやライオンは，動物園で大事にされるものと考えてきた．しかし世界には，ウナギを食べることは野蛮，ライオンを殺すことはすてきな趣味，と考える人がいたっておかしくないのである．このように，環境問題について考え，世界の人たちと議論したり世界に向けて論文を書いたりするときは，日本人の常識がすべてだと考えないほうがいいかもしれない．

3.6　生物多様性はどこまで？どのように？守るべきか

　生物多様性はどのように守ればよいのだろう．ある生物種が絶滅してしまうと生物多様性が低下するから，絶滅を防がねばならない．これはまぁあたりまえのことだ．しかし，生物多様性の問題は一筋縄にはいかない．ここでは，保全すべき生物多様性の「優先順位」について少し考えてみよう．

　そのためにはまず，そもそも「生物種」とは何かを少しまじめに考える必要がある．ゾウ・ライオン・シマウマなど，生物にはいろいろな種類があり，それぞれに名前があることは小さな子どもでも

44

知っていることだろう．でも実は，僕らが名前でよんでいる生物に
も，いろいろな「レベル」があるのだ．たとえば野生のヤマネコ．
日本にはイリオモテヤマネコとツシマヤマネコが生息しているが，
イリオモテヤマネコは，アジアに広く生息するベンガルヤマネコの
「亜種」である（ベンガルヤマネコは南アジア・東南アジア・東アジアに
広く生息しており，絶滅の危険性は低い）．亜種というのはあまり聞き
慣れない言葉かもしれない．イリオモテヤマネコはベンガルヤマネ
コと違った特徴をもってはいるが，別の生物種とするほどの違いは
ないということだ．たとえばイリオモテヤマネコとベンガルヤマネ
コを一緒に飼育すると子どもを産むだろう．生まれた子どもはベン
ガルヤマネコであり，条件がよければ子孫を残していくことだろ
う．この点で比較してみたいのはウマとロバだ．ウマとロバは近縁
種であり，交配すると子ども（ラバ）をつくることが可能だ．しか
しラバには繁殖能力がなく，子孫を残すことができない．したがっ
て，ウマとロバは別の種であると考えることが可能だ．逆に，亜種
であるベンガルヤマネコとイリオモテヤマネコは，子孫を残すこと
できるのである．

　ベンガルヤマネコという種全体が絶滅するとしたら，それはたし
かに一大事である．それと比較すると，イリオモテヤマネコという
亜種が絶滅することは，日本人としてはたいへんさびしいことでは
あるが，種全体の絶滅と比較すると，生物学的な重要性は下がると
いわざるをえない．

　ベンガルヤマネコの生息範囲は非常に広く，東アジア北部には
亜種のアムールヤマネコが存在する．そして，ツシマヤマネコはア
ムールヤマネコの地域個体群である．つまり，ツシマヤマネコはア
ムールヤマネコと比較して生物学的に明確な特徴はなく，ただ対馬
という離島に隔離されて住んでいるだけ，ということになる（氷河

期は海面が低かったため，対馬は朝鮮半島と陸続きだった．このときにやってきたアムールヤマネコが対馬に取り残されているということだ）．ということは，もしもツシマヤマネコが絶滅してしまっても，またアムールヤマネコを連れてくれば生物学的には現状を回復できることになる．

　ここで忘れてはならないのは，生物多様性の保全には，純粋な生物学だけではなく，政治や民族意識など，人間の都合がからんでくるということである．人間の性だろうか，人は自分の国の生物を特別に愛してしまう．はじめてツシマヤマネコを研究した日本の学者は，これは特別なヤマネコであり，世界のどのヤマネコとも違う新種であると考えた．しかしその後研究が進むと，地理的に近い場所に住むアムールヤマネコとの強い関連性が示されるようになり，ついには地域個体群であるという決着になったのだ．考えてみよう．もしも，いまのように日本という国がなかったら．そのかわり，日本列島・朝鮮半島・中国東北部・ロシア沿海州のすべてをまとめて支配する国があったとしたら．その国の学者がはじめて対馬にヤマネコを発見したとき，素直にそれは，本国に広く生息するアムールヤマネコの地域個体群だと考えるのではないだろうか．こんなわけで，アムールヤマネコの生息範囲と，日本の領土というふたつの地域がたまたま重なった場所が対馬だったから，ツシマヤマネコは特別視されるようになったのだ（**図 3.4**）．

　誤解を招かぬように補足しておくが，亜種なら絶滅してもあまり気にしなくていい，地域個体群なら絶滅してもまったく気にしなくていいというのではない．それぞれたいへん悲しい出来事であり，絶滅を防ぐためにできるだけのことをすべきだと思う．同時に，世界中では多くの生物種（亜種や個体群ではなく）が絶滅の危機に瀕しており，生物多様性の保護のために使える予算は有限である．そん

図3.4 対馬の人たちはヤマネコを誇りに思い，保護に力を入れている．それはもちろんすばらしいことだ.

なときに，泣く泣く優先順位をつけなければならないというのが僕らが直面している現実なのだ.

　さらに書いておきたい．生物種や亜種として認定されていないからといって，その種のなかにも遺伝的な特徴をもつグループは存在する．たとえば人間でも，血縁関係があるグループは身体的な特徴を共有していることがある（たとえば耳垢が湿っているなど）．しかし特徴があるからといってすべてを亜種と認定していたらきりがないため，人間は人間という単一の種でくくることにしているのだ．どこまで細かな違いを生物多様性として保護すべきかは，非常に難しい問題だ．日本に広く存在するイノシシを例にしよう．本州から海を隔てた四国にも生息しているが，ときどき海を渡って移動することがあり交配が生じる．したがって日本国内で亜種に分類されることはない．それでもやはり，本州のイノシシと四国のイノシシには，何らかの遺伝的な違いはあるだろう．さらにいえば四国内でも，讃岐山脈と四国山地の個体群は，何らかの遺伝的な違いをもっ

ているかもしれない．讃岐山脈のなかでも，東側と西側では違うかもしれない．こんなふうに細分化していっても，何らかの遺伝的違いというものは常に存在している．どんどん細分化していけば，やがて直系の親子関係，最後は個体に行きついてしまう．そもそも有性生殖する生物個体は，世界でたったひとつの遺伝子をもっている．だからといって，世界中のすべての生物個体を保護することができないのはわかるだろう．それならどこまで保護すべきなのだろう．生物種か，亜種か，地域個体群か，血縁グループか．これが地域個体群の遺伝的多様性を保護するときのむずかしさである．僕らは感情的になってはいけない（そのために生物学という自然科学がもつ客観性を大いに活用したいものだ）．

　九州地方のツキノワグマは，ごく最近絶滅したと思われる．しかしこの事実，あまりニュースになっていない．「九州地方のツキノワグマ」という地域個体群が絶滅したところで，ツキノワグマは本州にいるでしょ，その気になれば本州から連れてくればいいでしょ，ということなのかもしれない．となると，ツシマヤマネコという個体群の絶滅も，それほど心配しないでいいということになる．生物学的には同等の現象なのだから．

　遺伝的多様性について，最近日本の生態学者は過敏になることが多く，僕は心配している．先に書いたとおり，地域個体群はそれぞれ遺伝的な特徴をもっている．したがって，人間の影響で別の地域個体群の交配が起こると，遺伝子の「純血」が穢される「汚染」だ，というのだ．これはたしかに事実であるが，あまりに心配しすぎるのもどうかと思う．自然界でも離れた地域個体群間の交配は起こっているのだから．これは程度の問題である．さすがに青森県のブナの苗を四国山地に植えるのはダメだと思うが，隣町の苗くらいなら目くじら立てなくてもよいと思う．遺伝子の「汚染」を最小限

にしたいという純粋な気持ちはわかるけれど，地球温暖化や原生林の伐採など，生態系の健全性に影響を与える人間のしわざはほかにごまんとある．広い視野をキープしたいものだ．

　ここで考えたように，生物多様性の保全には，純粋に生物学的な考え方ではなく，人間の気持ちというものが色濃く反映される．別の例としては，目立つ種類の絶滅危惧種が優先的に保護されるという問題がある．たとえばパンダ．掛け値なしに，彼らはとにかくかわいい．パンダの赤ちゃんが生まれると動物園に行列ができ，パンダグッズがたくさん売れる．このようなカリスマ性をもつ種が優先的に保護されるというのが世界の現状だが，世の中には別の絶滅危惧種，たとえばある種のトガリネズミなども存在する．トガリネズミと聞いてもあまりピンとこない人が大半だろう．しかしだからと

図3.5　WWFのシンボルはパンダ（https://www.wwf.or.jp より）．自然保護の重要性を伝えるという点で，パンダを採用したのは効果的だ．しかし，あまり目立たない種の保全も大事だということも知ってほしい．

いって，トガリネズミよりパンダのほうが保護する価値が高いのだ
ろうか．これは人間の感情だけで決められる問題ではなく，純粋な
生物学からの答えが必要だろう．しかし実際には，客観的な議論が
なされることはほとんどなく，世界の人びとは，国家機関であれ民
間であれ，自分が保護すべきだと思う生物を保護しているにすぎな
いのだ．おそらく世界でいちばん有名な自然保護団体であるWWF
（世界自然保護基金）のシンボルもパンダである．生物種はすべて
「平等」に，存在する価値をもっているのだろうか．いま一度考え
るべきではないかと思う（図3.5）．

3.7 何事も「トレードオフ」．バランス感覚が大事．

　この章では，環境問題についての「答え」をひとつに決めること
がたいへんむずかしいことについて学んでいる．僕らは，「絶対的
な答えがどこかにあるはずだ」という思想から脱却する必要があ
り，環境問題は相対的で，答えは絶えず揺れ動いていることを知ら
なくてはならない．ここに，「答えがないと知ることが答え」だと，
禅問答的な格言をしたためておく．
　答えはひとつに決まらないということは，決して僕らにできるこ
とは何もないということではない．完全に100点満点の答えはない
けれど，より「まし」な，20点よりは30点の答えというものを追
い求めていくことが，環境問題に対する正しい取り組み方なのだ．
30点の正解ということは70点分の間違いが含まれるということで
あるから，批判しようと思えばいくらでも批判することが可能であ
る．ただしそれは生産的ではない．より「まし」な答えを導くため
のキーワードは，トレードオフだ．選択肢が複数ある場合，どちら
を選択するのがより「まし」かを知るためには，選択の長所と短所
を比較して総合点をつけることが大事で，それがトレードオフの考

50

え方となる.

　たとえば，現代文明を支える電力をどうやって生み出すとよいだろうか．火力・水力・原子力．どれがよいのだろう．火力は地球温暖化を引き起こす．水力は川の生態系を壊す．原子力は放射能汚染を引き起こす．僕らはいったいどうすればよいのだろう．新エネルギーとして風力発電が注目されることは多いが，風力発電はバードストライクを誘発するという負の側面をもつ．太陽光発電は反射光が公害（光害）になる．じゃあどうやって発電すりゃいいのさ !?「発電は環境に悪い」と文句を言っている人に限ってエネルギーを浪費していたりしたら，まったく笑えない話だ．どうやって発電したらいいか，僕らの選択は常にトレードオフにさらされている（**図3.6**）.

図 3.6　風力発電は風通しのよいところで行われるので，とにかく目立つのである．それをかっこいいとみるか，見苦しいと感じるかは人それぞれだが，その巨大さは何かのメッセージを僕らに投げかけているように感じられる．アメリカ・ネバダ州にて.

　再生可能エネルギーは，火力発電や原子力発電に替わる「クリーンエネルギー」として注目を集めている．その一方で，古くから実用化されてきた再生可能エネルギーである水力発電には，厳しい目も向けられている．水力発電と深い関係にあるダム．ダムは川を分断することで，川の生態系を破壊する．たとえばサケが川をさかのぼれなくなる．だからダムをつくるな・ダムを壊せ，と主張する生態学者もいる．

　川の環境を守るため，ダムをつくらないほうがいいだろうか？それとも，水力発電のおかげで二酸化炭素の排出が抑えられ，地球全体の環境が守られるのだろうか？　局所的（ローカル）な環境を守るか，地球全体（グローバル）の環境を守るか．これはたいへんむずかしい問題である．世界中で使える統一基準などつくることはできない．往々にして，ローカルとグローバルは対立しているのだ．環境意識の高い人・自然を愛する人同士ならわかり合える，などというのは幻想にすぎない．互いに異なる視点をもっていることを理解することからはじめなければならない．

　エネルギーミックスという言葉がある．これまでの日本では火力発電が主力だった．しかし今後，再生可能エネルギーを発電の主力とするには，いろいろなエネルギー源をうまくミックスすることが必要になる．答えをひとつに絞らずに，複数の選択肢を併存させることが電力の安定供給と環境保全の両立につながるという考え方だ．発電方式にはそれぞれ長所と短所がある．たとえば風力発電．風力発電は風が吹かなければできないが，いつ・どこで・どのくらいの風が吹くのかを正確に予測するのはむずかしい．太陽光発電は，もちろん太陽が当たっていないと発電できない．その日の天気に左右される．そもそも夜には発電できない．地熱発電や潮汐発電は，まだ大規模に利用されるレベルに達していない．

　水力発電の特徴は，再生可能エネルギーには珍しく，いつ・どの
くらい発電するかをコントロールできることにある．風力発電や太
陽光発電はそのときの天候に左右されるため，なかなか思いどおり
にならない．しかし水力発電なら，水をダムに貯めておいて，需要
に合わせて放水して発電でき便利なのだ．これには，電力を貯めて
おくことがとてもむずかしいという技術的な問題が関連している．
旬の果物を缶詰めにして保存するように電力をロスなく蓄えられた
らよいのだが，なかなかそうはいかない．蓄電池はコストがかかる
し，自然放電する．水力発電は，水の位置エネルギーという比較的
安定した形態で蓄えておき，必要なときに電気エネルギーに変える
ことが可能なのだ．

Box 3　Optimal city size. 多面的に考えよう.

　人間はどのくらいの人口密度で暮らすのがベストなのか．これも答
えがひとつに決まらない環境問題だ．東京のような大都市（都市圏全
体でいえば東京が世界最大の都市らしい）で暮らすことには，良いと
ころも悪いところもある．良いところはいろいろ思いつく．大都会は
とにかく便利だ．公共交通機関は発達し，何でも手に入る．その反面，
地価や物価の高騰，通勤ラッシュ，長すぎる通勤通学時間，交通渋滞
……．このような苦痛も生み出している．逆に，田舎暮らしはどうだ
ろう．人が少なく，通勤ラッシュなどの混雑とは無縁かもしれない．
しかし，不便はつきまとう．生活必需品を買うのでさえ，車で出掛け
なくてはならない．ちょっとした買い物であれば，さらに遠くの街ま
で行かなければならない．近くで遊ぶ場所がない．病院が少なく，急
病にでもなったらたいへんだ．

　人間の暮らしだけではなく，環境負荷についても考えてみよう．人
が密集して暮らすことには，エネルギー効率を高める側面がある．山
の中の一軒家のために電気・ガス・水道を維持するコストがかかり，

送電ロスなどのコストも高くなることは容易に想像がつくだろう．田舎暮らしでどこに行くのも車で遠出，ということになると，これも環境負荷になる．一方で，都会の暮らしも，大きすぎると環境負荷が高まる可能性がある．たとえば電車通勤．電車を利用する環境負荷は，車よりもずっと低いとはいえゼロではない．あまりに遠方からの電車通勤は，環境負荷を高めることになる．

　こう考えると，あまりに都会すぎるのも，あまりに田舎すぎるのも困りものな気がする．もしかすると，大都市と田舎のあいだのどこかに，「ベストな都市のサイズ」というものが存在するかもしれない．これは optimal city size という研究テーマであり，さまざまな視点から議論されてきたトピックだ．たとえばエネルギー効率という側面，そして人間心理という側面からの議論である．基本的に，エネルギー効率でいえば，人は都市に集まって暮らすのが効率的である．あまりエネルギーを消費しない「エコ」な暮らしは都会にあるともいえる．自然が好きで田舎暮らしをするという人もいるが，環境負荷という観点でみれば，ちょっと買い物に行くのにも車で1時間，という田舎に住む

図　平家の落人伝説が残る，徳島県・祖谷の山村．こういうところに住んでみたい気もするが．

54

のは，エコではないのだ．その一方で，都会に暮らせば，長い通勤・通学時間に苦しみ，部屋が狭く家賃が高いという住宅問題に苦しみ，身近な自然が少なくて苦しむ．実際，都市が大きくなるほど犯罪発生率が高まるというデータもある．人びとの幸せで考えると，都市が巨大化するのも困りものなのかもしれない．環境負荷で考えるか，人間の幸せで考えるか．基準となる指標が違うのだから，その答えは異なる．最適な都市サイズという命題は，典型的な「答えがひとつに決まらない問い」だ（**図**）．

外来種のおはなし

　環境問題にはいろいろあるけれど，近年注目されているものに，外来種の問題がある．本来の生息地ではなかった場所に，人間が何らかの方法で生物を持ち込んでしまい，それが野生に定着し，繁殖している状態である．外来種の問題はある意味，環境汚染の一種だといえる．しかしそれはとても深刻だ．環境中に汚染物質が排出された場合，程度の差こそあれその濃度はだんだん低下していくものだが，外来種問題は生物的な汚染であり，時間は解決してくれない．逆に，時間の経過に伴い外来生物はどんどん増殖してしまうため，問題は深刻化する．時間は味方なのか，敵なのか．これが化学的汚染と生物的汚染の違いだ．

　日本は島国のため，日本独自の生き物（固有種）は数多い．海がバリアとなって大陸の生物が入ってこなかったり，あるいは大陸との交流を絶たれた生物が独自に進化したからだ．しかしいま，人が盛んに世界中を旅し，物流が盛んになるにつれて，多様な外来生物が入ってくることになった．ブラックバスやブルーギルなどは特に

悪者として有名で，これらが日本在来のアユなんかを食べちゃって
困る．だから外来魚を駆除しようとなり，外来魚をたくさん殺して
自然を守ったという満足感を得るイベントやテレビ番組もある．果
たして，このように外来生物をたくさん殺していけば，日本からそ
れらを根絶することができるのだろうか．あるいは，それは無理な
のだろうか．外来種に満ちあふれたこの世の中で，自然を愛する僕
らはどのような気持ちでいたらいいのだろうか．この章では，こう
いうことについて考えてみよう．

4.1 奥が深い外来種問題

　外来種の植物のことを「帰化植物」という．帰化植物は，それが
日本にやってきた時期によって，史前帰化植物・旧帰化植物・新帰
化植物に分けられる．史前帰化植物は，たとえばイネがそうだ．日
本の歴史が文字に書き起こされる前に海外から持ち込まれた，東南
アジア原産の植物である．稲作がはじまることで弥生文化が花開
き，日本の歴史は大きく展開した．イネは歴史的にもきわめて重要
な帰化植物なのである．日本の食生活は，もともとは外国産の生物
（水稲，ジャガイモ，トウモロコシ，カボチャ……挙げるときりがない）が
支えてくれているのだ．

　旧帰化植物として，モモやウメ，モウソウチクなどがある．これ
らは文字による記録がはじまったあとに外国から持ち込まれたもの
で，持ち込んだこと自体の記録や，新しい植物を珍しがる記録が残
っている．日本人はおめでたい植物として松・竹・梅を挙げるが，
そのうちの竹と梅は外来の植物なのだ．こう考えると，日本らしさ
って何だろう？という気持ちにならないだろうか？　そう，外来種
の問題も，主観の問題であり，程度の問題であり，いつの時代に戻
すのか，という問題かもしれない．外来種をすべて抜きにして，縄

図4.1　我が国の至宝である尾形光琳の『紅白梅図屏風』も，外来植物がなければ存在
　　　していないだろう.

文時代から日本に自生していた植物だけでは日本の文化は立ちゆかない．それゆえ，どのくらいむかしを理想とするのか，そしてどのくらい外来種がいることを容認するのか，これも答えがひとつに決まらない問題なのだ．僕たちが日本独自の文化と考えているものも，実は外来生物のうえに成り立っていることが多々ある（**図4.1**）．

　1972年生まれの僕には，すでに外来種はふるさとの原風景だった．小学校に上がる前から，自宅前のあぜ道には，春になるとオオイヌノフグリが咲いていた．幼い僕はその小さな青い花が大好きで，シーチキンの空き缶に土を入れて育てていたことを思い出す．そんな時代の甘酸っぱい気持ち，大人になって十分すぎるほどの時間が経ったいまでも，春先にオオイヌノフグリを見かけると，毎年思い出す（**図4.2**）．

　1000年前に日本文化をつくった人たちにも，同様の体験はあったかもしれない．菅原道真は，都を離れるさびしさを「東風吹かば匂ひおこせよ　梅の花　主なしとて　春を忘るな」と詠んだ．ところがウメというものは，遣唐使が中国から運んできた外来の植物であ

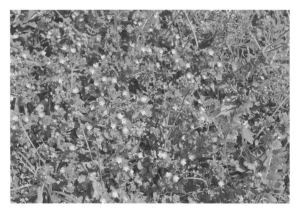

図 4.2　僕にとって早春のシンボルであるオオイヌノフグリ．季節が進んでいくとすぐ
に背の高いほかの雑草に覆われてしまうはかない存在に感じられるが，日本
の広い地域に定着する繁殖力としたたかさも兼ね備えている．　→ 口絵 2

る．日本に伝来してからそれほど時は経っていなかったはずだが，
菅原道真にとってはすでに，ウメは愛するふるさとを想起させるも
のだったのである．ちなみに，ウメを日本にもたらした遣唐使を廃
止させた彼がウメを愛していたというのは皮肉な余談である．21
世紀の現代，菅原道真のように才能をもった誰かがオオイヌノフグ
リを文学作品にすれば，今後ずっと歴史に残る日本文化が生まれる
かもしれない．ちなみに秋元康は，外来種をタイトルに入れた『ハ
ルジオンが咲く頃』（2016）という曲をつくっている．これが 1000
年後も歌い継がれているかは知る由もない（**図 4.3**）．

　ずっとむかしに日本に入ってきて，日本の文化や食生活などにが
っちりと溶けこんでいる外来種が存在する一方で，比較的近年やっ
てきたのが新帰化植物だ．オオイヌノフグリやセイタカアワダチソ
ウ，アレチヌスビトハギやニセアカシアなど，幕末の開国以降日本
に定着したものがそうだ．カタカナで書くと，何やらおどろおどろ

図 4.3　ハルジオンの咲き乱れる春の土手．ゴールデンウィーク頃によく見られる光景．
　　　　→ 口絵 3

しい名前の植物が多い（生物の名前は人間が勝手につけたもので，その
生物に罪があるわけではない）．動物では，アメリカザリガニやブラッ
クバスなどだ．これらの生物のなかには，日本のもともとの生態系
を破壊するものとして問題となるものも多い．

　いままさに生息域を拡大しつつある外来生物もいる．たとえば，
よく目立つピンク色の卵塊を産む通称ジャンボタニシ（正式名称は
スクミリンゴガイという淡水の巻貝で，食用として輸入された）は，その
生息地を徐々に広げつつあり，生態系への影響，イネへの食害など
の被害が懸念されている．ヒアリのように，2019 年現在では水際
で何とか食い止められている外来生物もいる．まだ日本全国に広が
っていない外来種を食い止めるのは，いまなら効果があると思う．
その一方で，オオイヌノフグリなどすでに広域に広がり定着してし
まった外来生物を，いまから根絶するのは無理な話だ．

　いまなら対策の効果が出るものに対しては全力で対策を講じる，
しかし対策を講じてもどうにもならないレベルに達したら共存を考

える（たとえば在来種の絶滅を防ぐ），というのが現実的なやり方かもしれない．環境問題を考えるとき，僕らは現実主義でなければならない．お医者さんは，患者が新しい病気に感染するのを全力で防ぐ一方で，根治がむずかしい病気にかかってしまったのちは，対症療法で病気と共存できるようにする．①なるべく新しい外来種を持ち込まない，②根治できる段階なら根治を目指す，③根治が難しいレベルに達したら共存を，という三段構えで臨むべきかもしれない．

4.2 外来種は「お互いさま」

　日本の生態系を脅かす外来種の生物たち．外来種の問題を考えるとき，僕たちは知らず知らずのうちに，国境という人間のつくった境界線を意識している．海外からやってくる「悪者」が我が国の生態系を破壊するという図式である．だから外来種を滅ぼして，日本の純粋な生物による生態系を取り戻さなければならない．このように，自然を愛するこころと愛国心が微妙に入り混じったような感覚をもつことが多いような気がする．こんなとき，僕が意識しなくてはならないと思うポイントは3つ．外来種問題はお互いさまだということと，国境は人間がつくり出したものだということ，良かれと思って逆効果ということが多々あるということだ．

　クズという植物がある．日本に広く自生する在来種で，いろいろな場所で繁殖するツル植物だ．気を抜くと数年で空き地はクズに覆いつくされたりする．この繁殖力に目がつけられて，荒れ地を急速に緑化する手段としてアメリカに持ち込まれた．その期待どおりクズはアメリカ国内での繁栄に成功した．むしろ成功しすぎた．それは期待を上回る繁殖力を誇り，人間が管理しきれぬようになった．その結果としてアメリカ全土に拡大し，地元の生態系を脅かすようになった．クズのせいで，絶滅危惧種などの植物が圧迫され，絶滅

の危機に至っている．これは僕がアメリカに留学していた2000年頃にも問題となっていて，植物学のクラスで外来種の問題が取り扱われたとき，「日本からやってきた邪魔モノ」として紹介された．クラスメイトたちは義憤に駆られ，僕はたいへん肩身が狭い思いをした．アメリカでは，海外からの移民が白人の労働者たちから仕事を奪っているという図式に怒りを覚える人はたいへん多い．このようなナショナリズムが環境保全という大義名分を得たときに暴走する人びとが出てきそうで，僕は何となく背筋が寒くなったものである．しかし同時に彼らは，アメリカから日本にやってきたザリガニやブラックバスなどが問題になっていることはまったく知らなかった．そもそも報道されていないからだ．逆に，この本の読者も，日本から取り込まれたクズがアメリカで問題を起こしていることなど知らなかった人がほとんどだろう．外来種の問題は「お互いさま」だってこと，意識しておきたいものである（図4.4）．

　ひとむかし前まで，植物学や都市計画の専門家たちは，世界の植

図4.4　夏から秋にかけて，日本の空き地を覆いつくすクズ．この繁殖力は海外でも猛威を振るっている．

62

物のうち役立ちそうなものを自国に導入して国を豊かにするという考え方をもっていた．その結果としてアメリカに導入されたのがクズであり，同じ意図でアメリカからはオオキンケイギクという植物が日本に持ち込まれた．そしてオオキンケイギクはその繁殖力ゆえに日本で増え広がり，侵略的外来種として駆除が進められることとなった．どうしてむかしの専門家は，地元の植物で緑化しようと考えなかったのだろう．珍しい植物を持ってくるのが自分の手柄，といった感覚もあったのかもしれない．これは，僕たち現代の学者たちに対する警告でもある．科学者としての成果をアピールするために奇をてらったことをやってしまえば，それがのちのち大きな問題を生み出すことも十分に考えられる．日進月歩の科学の世界では，あっという間に僕らも「ひとむかしまえの専門家」として批判されるようになるのだ．問題が「お互いさま」というのは，地域間だけの話ではなく，過去・現在・未来へとつながる専門家の野心と失敗についてもいえるのだ．

Box 3　外来種いけばな

　この本では，環境問題の解決は一筋縄ではいかない，答えはひとつに決められないということを繰り返し述べている．外来種の問題はまさしく典型例だが，解決がむずかしいからといって，僕たちは何もせずに見て見ぬふりをするべきではない．生態学者のはしくれであるならばなおさらだ．しかし，「外来種問題の解決策はこれだ！」という決定版が存在せぬ以上，単純明快で市民の誰もが理解でき，すぐ行動に移せるような手段を軽々しく提供できないというジレンマがある．あまりに単純すぎる解決策を「正解」として提供してしまうと，それはまた別の問題を引き起こす可能性もある．まさに，ひとむかしまえの科学者が「良かれと思って」やったことが大問題を引き起こしたように．

　そこで，僕がいま，とりあえずできることを考えた．それは，解決を急ぐのではなく，まずは問題が存在することを市民に知ってもらうこと．これが解決のための第一歩になるのだ．こうやってこの本を書いていることもそうだし，市民向けのイベントの開催もそうだ．

　家元池坊と京都市とスターバックスのみなさんとのコラボで，「外来種いけばな」というイベントを散発的に開催している．これは，京都市内の何の変哲もない空き地や公園，グラウンドの隅などに自生している外来種の雑草を摘みとり，それを素材にいけばなをしてみよう，という企画である．大学の植物学の専門家が市民に同行し，忙しく生きている僕ら現代人がふだんはまったく意識しない雑草にも名前があることを伝える．市民はその外来種を摘みとる．その行為は，ささやかな外来種の駆除にもなっている．しかし，悪者としてただその雑草を捨てるのではなく，教室に持ち帰り，家元池坊の先生に教えてもらいながら，いけばなの作品とするのだ．雑草自身に罪はない．彼らはただ，連れてこられた日本の環境に適応し，精いっぱい生きている．そしてよくよく見ると，生物はみな美しい．いけばなという少しだけ非日常でフォーマルな舞台で雑草を観察することは，素直な気づきにつながる．いけばなの世界でも，「花は足でいけよ」という格言があるらしい．本来いけばなは，花屋さんで買ってくる栽培された素材だけではなくて，自分で野山に出掛けて野草やその周囲の環境を観察し，それを作品に反映させることが望ましいということだ．外来種いけばなの世界観は，いけばなが本来もつ自然に対する感動という意味ももつのである．

　この取り組みは我ながらよくできた，まぐれホームランだと思う．朝日新聞の天声人語で取り上げられるなど，一定の社会へのアピールもできた．こうやって身近な自然に興味をもつこと，そこで起こっている問題を意識することが，環境問題解決のための第一歩だと信じている．そして，あらたまって勉強するという敷居を設けるのではなく，仕掛けに工夫をすることで，楽しみながら学べるようにしたいと思っている．ただ「楽しかった」というイベントではなく，何となくモヤ

図　外来種いけばな

モヤしたものがこころに残るようにしたい．外来種そのものに罪はないのに，私たちは外来種を殺さなくっちゃならない．その原因は，むかしの人間のエゴにあるのではないか．そして同じ人間である私たちも，自分のエゴのために環境を破壊していないだろうか．こういうことを市民一人ひとりが考えるような世の中になってほしいと願うのである（**図**）．

　さらに，地球温暖化といった世界規模の環境問題の解決のためには，「遠くに出掛けない」ということが重要である．現代社会における旅行は，二酸化炭素の排出に直結している．カーボンフットプリントという考え方で自分が排出している二酸化炭素の量を計算してみると，遊びのために旅行することの環境負荷を実感できるだろう（興味のある人は「カーボンフットプリント」で検索してみてほしい）．しかし，人の罪悪感に訴える「旅行は罪である」のようなメッセージを伝えようとは思わない．むしろ，「遠くに出掛けなくても，すぐ近くに趣味の対象はあるよ」という選択肢を提示していきたい．その一例としても，外来種いけばなは有効だと思う．

　原生林もよいけれど，人の気配の感じられる田んぼとかが僕の原風景だ．そしてそこには，オオイヌノフグリやセイヨウタンポポといった外来種の草花が．人が手を加え，人が新しい種を持ち込むことによって変化していく生態系がある．しかしそこでも，生物は単なるお客さんとして行儀よくしているわけではなく，与えられた環境で精いっぱい生きて，競争したり繁殖したりしているのである．これらは僕らの興味を引きつけるドラマだとまじめに思う．そして僕は，そのドラマの宣伝をやっているのである．

前向きに何とかしよう

　生物は基本的に利己的に振る舞う．他の生物を力で圧倒し，あるいはずる賢く利用するような戦略をもつものが繁栄する．自然淘汰という仕組みによってすべての生物が形づくられている以上，これは変えようがない．人間も生物であるがゆえに，このような利己的な性質をもっている．これはどうしようもない事実であり，人の善意だけに頼りきった自然保護は夢物語に終わっていく．ここまでで学んできたように，頭で「正しい」とわかっていることを実行できるかというと，それはまた別の問題になるからだ．人間の利己的な本質を理解することも，また環境保全の第一歩なのである．

　しかし，利己的な性質と同時に人間は，他人のこと・ほかの生物のこと・未来の世代や地球のことを意識し，それに基づいて行動を変えるキャパシティをもっている．「あとで困るから，いま我慢しよう」「将来の楽しみのためにいま頑張ろう」．このような後先を理解したうえで行動ができる．これは感動的なことだ．その意味で人間は，ほかの生物ではありえないくらい利他的になれる素質をもっ

ていると思う.

　そう, 人間が環境破壊をするのは, 僕らが特別に残虐で利己的な生物だからではない. 単に, 人間は有能で高い技術力をもっているから, 結果として環境を破壊しているだけだともいえる. 人間並みの技術力をほかの動物 (たとえば, 他の鳥の巣に産卵して代わりに子育てさせるカッコウや, 大胆さと適応能力をもった雑食性のアライグマなど) に与えたら, 彼らはもっと悲惨な世界をつくりあげるように思う.

　学生時代に環境保全のクラスで学んだ, シューマッハ (E. F. Schumacher) の「optimistic pessimist (楽観的悲観主義者)」という言葉. 何だか言葉あそびのような表現だが, 僕にはすっきりと腑に落ちた. 環境問題に関しては, 僕らは悲観主義者であるべきで, 起こっている問題や, その解決のむずかしさをしっかり知らねばならない. そしてそのうえで, 「解決が困難なのはわかったけど, それでもできる限りのことをしよう」と楽観的なほど前向きに決意しなければならないのである. 環境問題には, 「これさえやればすべて解決」というような魔法は存在しない. しかしあきらめない. この考え方は, 僕の環境問題へのかかわり方に強い影響を与えてきた. 人間は, 環境問題を引き起こす本質的な傾向をもっている. そして人間は, いつの日か必ず, 何らかの原因で絶滅するだろう (人間が核戦争を起こさなくても, 小惑星の衝突とか太陽の寿命がくるとか, 何らかの要因で人類が絶滅するのは必然の 理 なのだ). 僕はこの深刻な事実を冷静に受け止める. しかし, ここであきらめたくはない. 現状の悲惨さ・解決の困難さを認識する点で, 僕は徹底的な悲観主義者である. しかしそのうえで, 何とかする方法を考えるのが楽観的な悲観主義者である. ただの楽観主義者のように, 「環境問題は世界の誰かがいつか解決してくれる」というのでもなく, 悲観主義

者のように，「人類はやがて絶滅するから何をやっても無駄だ」というのでもないのだ．読者のみなさんが，「環境問題は深刻だけど，僕らにもできることがある」という現実主義者でありながら前向きな人になってほしいと思ってる．

5.1 環境問題について「伝える」

この本を読んでる僕ら一人ひとり，そして世界中のすべての一人ひとり，それぞれ違ったシチュエーションで生きている．状況に応じて，環境に良いことも悪いこともしてしまう．それでもやはり，世界中のいろいろな立場の人たちが，可能な範囲で自主的に環境を守るようになればいいなぁと思う．理想論かもしれないが，そういう世界に一歩でも近づくために必要なのは，教育ではないだろうか．教育は学校でするだけのものではなく，社会人も含めたすべての人にメッセージを伝えることも含んでいる．社会全体の雰囲気が変わることで，環境問題を解決する機運が高まる．これを地道に続けることが，結局はいちばん大事なことなのではないかと思う．そして科学者の役割は，社会に「未来予想図」を示すこと．人間の行動がどのような結果を招くか，それはハッピーな未来なのか，それとも悲劇なのかを具体的に示すことだ．さらに，いまどのくらい努力すれば未来がどのように変わるのかを伝え，市民一人ひとりの判断材料にしてもらうべきだと思っている．

そもそも現代社会は，人間が本能だけでは生きられない時代である．人間の本能は人口密度が極端に少なかった狩猟と採集の時代につくられたものだが，それは現代の環境問題の解決の足枷になったりする．原始時代に環境問題はあまり重要ではなくて，その代わり日々の生き残りと繁殖というきわめて重要な問題がたくさんあったから，人間は環境意識というものを進化の過程で持ち合わせるに至

らなかったのである．しかし人間は驚くべきことに，ちゃんと教え
られてしっかり考えれば，本能を理性でカバーできる能力をもって
いる．よって，考える機会を与えられれば，「未来のために後先を
考え，我慢する」ことができる．この人間の能力は，過去に農耕や
牧畜という新しい生き方を生み出すことに貢献した．そして現代で
は，環境意識に基づいた行動を生み出しつつある．だからこそ僕た
ち科学者は，市民に対してわかりやすく問題を伝えることが大事な
のだ．

　先ほど出てきたシューマッハは，「small is beautiful」という格
言も残している．お金でも財産でも，人間の欲望は限りがない．そ
れはそれで悪いことではなくて，そういう動機があるから人類は発
展してきたともいえるのだが，人口が爆発的に増加しテクノロジー
が急激に発展する現代では，その考え方は持続可能ではない．天然
資源も地球のキャパシティも有限なのだ．人類が持続可能であるた
めに必要なのは，小さいものに満足するという逆転の発想である．
京都の龍安寺（**図 5.1**）には，「我ただ足るを知る」と記されたつく
ばい（手を洗う石の鉢）がある．これも「small is beautiful」と同
様の格言だ．このように，短く胸に刺さる言葉は力をもつ．

　2017 年にノーベル経済学賞を受賞したセイラー（Richard
Thaler）は，彼の提唱した「ナッジ」という考え方が高く評価さ
れた．ナッジ（nudge）とは，字義どおりには「つつく」とか「小
突く」などの意味をもつ．人を動かすとき，強制したり命令したり
するのではなく，ちょっとした提案をしてみる．そしてその提案に
乗ったときの，ちょっとした「お得」なこと（インセンティブ）も
用意する．提案を受けた人は，そうするかどうか自主的に決められ
る．提案する人は，すぐに効果は出なくても，長い目で見れば望む
方向に人びとを導くことができる．少し乱暴にまとめてしまった

図5.1 京都右京区・龍安寺. そのシンプルかつ非日常の空間は, 日頃の自己を振り返るのに好都合だ.

が, ナッジとはこういう理論なのである. 僕がこの本を書いているのも, 「外来種いけばな」などのイベントを企画するのも, ナッジのひとつといえる. 人びとに正解を教え込んだり行動を強制したりという意図はない. ただ, こういう考え方もあるよという豆知識を得てもらう. その豆はいつか, 誰かのこころに芽を出すかもしれない. たとえば車を買い替えるとき, いまより小さい車を選ぶかもしれない. 一方で, 環境に悪くてもスポーツカーに乗りたい人がいたとしても, それを禁止する必要はない. 選択肢の多様性は保ったまま, 地道な教育活動で, そしてエコカー減税など多少のインセンティブで, 社会をゆっくり変えていくことができればよいのである.

　イメージだけで語られる「エコ」に振り回されないようにしたい. そのためには, 定量的な考え方, つまり数字で考えることが重要になる. たとえば, まだ乗れる車を燃費の良い車に買い替えるのは本当にエコなの？　レジ袋を断るのはどのくらいエコなの？　ここで詳細は書かないが, 興味がある方はインターネットで調べれ

ばすぐにわかる．そして，二酸化炭素排出量という数字にしてみた
ら，燃費の良い車に買い替えることはレジ袋を断ることと比べて
比較にならないほどの効果をもつことが実感できるだろう．こう
やって数字に直して考えるという「練習」を積んでいくと，そのう
ちに実際に計算しなくても，それが環境に良いのか悪いのか，何と
なく直感でわかるようになってくる．こういうのをアメリカでは，
「educated guess（教育を受けたうえでの当てずっぽう）」と呼んで
いる．同じ当てずっぽうといっても，勉強した人の直感の精度は高
くなるのだ．

5.2　生態学は環境問題を解決できるか？

　この本では，生態学と環境科学の共通点と相違点を意識しながら
話を進めている．生態学は自然科学・基礎科学で，普遍的な真理を
追究する学問である．環境科学は学際的で，自然科学と社会科学の
両方の視点が必要となるうえに，応用科学なので状況によって「答
え」が違ってくる．このように，生態学と環境科学は別々の学問な
のだが，生態学者が環境問題の解決と緩和のために貢献できること
も多々ある．少し考えてみよう．

　現在深刻な環境問題のひとつとして，生物多様性の問題がある．
生物多様性をごく簡単にいうと，たくさんの種類の生物が存在する
ということだ（実際には，生物多様性で考えるべきなのは種類の数だけで
はないが，ここでは紙幅の都合で扱わない）．ある生物が絶滅するとい
うことは，生物多様性を低下させることになる．野生で暮らす生物
の専門家である生態学者は，生物多様性についての専門的な知識で
貢献することが可能だろう．

　そもそも，生物多様性が高いことは望ましいのだろうか．それと
も，人間の役に立たないと思われる生物は絶滅しちゃってもいいの

だろうか．生態学者は，このような素朴な問いに対する答えを用意することも可能だ．森林や草原に行ってみよう．そこで植物を観察すると，いろいろな種類の植物が生きていることに気づくだろう．森ならば，広葉樹と針葉樹，落葉樹と常緑樹というふうに，違うタイプの樹木が生えている．日本に生えている落葉広葉樹には，コナラ・ミズナラ・トチノキ・カツラ・ホオノキ・ヤマザクラ・カエデ・ブナ・シデなどなど，いろいろな種類がある．そのなかには，似たような環境に生息して，似たような時期に葉っぱを出し，花を咲かせ，葉を落とす植物も多い．そもそもなぜこんなにたくさんの種が存在するのだろう．似たようなものが多いのだから，ひとつくらい絶滅しても生態系は変わらないんじゃないだろうか．このような疑問は，「冗長性」についての問いだ．「冗長」とは，物事や言葉の数が必要以上に多すぎて無駄がある状態のことをいう．生物の種類は多すぎて無駄があるんじゃないか，ある種の生物は絶滅してもいいんじゃないか，少数精鋭の限られた数の種だけで構成される生態系のほうが人間の役に立つんじゃないだろうか．このような疑問に答えることは，生物多様性の保護の基礎として不可欠だ．

アメリカの生態学者ティルマン（David Tilman）は，草原に多数の植物種が存在する生物多様性の高い状態が，草原全体の生産性（光合成量や二酸化炭素の固定量に直結する）を高め，また安定性も高めることをフィールド研究によって示した．似たような種の生物が多数存在するといっても，それぞれの種の性質はまったく同じというわけではない．微妙に性質が異なっているため，使う資源（日光や水分や養分など）も微妙に違う．生物多様性が高いと，ある生物が利用しきれなかった資源を別の生物が利用できるため，資源を無駄なく利用することが可能となる．特定の年に天候不順があったり，干ばつがあったり，草食性の昆虫の大量発生があったりしても，生

育が不順だった植物種の「穴」を，別の種類の植物が埋めてくれる．このようにして安定性が高くなるのだ．窒素などの栄養は，生物多様性が高いと，やはり多様性に富む土壌のいろいろな場所から栄養を吸収し，生態系の外に流れ出す栄養分を減らしてくれる．もし，すべての場所に1種類の植物を植えてしまったら，その植物が吸収しきれなかった栄養分は，大雨のときなどに水に乗って流れ出てしまう．このように，生態学者が生物多様性のメリットを具体的に示すことで，人びとは自然の恵みを享受しつつ，自然保護もできるようになるのである．

　生物多様性の冗長性がもたらす生態系の安定については，「レジリエンス」というキーワードがある．レジリエンスとは，システムに変化が生じても回復する能力のことをいう．地球温暖化などの大規模な環境変化がもはや避けられない現代では特に，レジリエンスが重要となる．環境変化によってある種の生物が深刻な打撃をこうむったとしても，生物多様性が高ければ，それと似た別の種が，その穴をカバーしてくれる．これは生態系だけに限った話ではなく，たとえば人類の食糧問題にもかかわりがある．19世紀に発生したアイルランドの大飢饉は多様性にまつわるものであった．コロンブスの新大陸発見のおかげでジャガイモがヨーロッパに導入され，それは環境条件の厳しい北ヨーロッパの主食となった．そして，栽培しやすくたくさん収穫できる品種が開発され，アイルランドではその単一の品種を全国で栽培するに至った．しかしある年，その品種に壊滅的な打撃を与える伝染病が蔓延した．それは深刻な食糧難を引き起こし，総人口の2割にも及ぶ餓死・病死者が出る事態となった．もしもジャガイモ以外の主食をつくっていたら，せめてジャガイモの別の品種も栽培していたら……．こういう後悔は先に立たない．生物多様性や冗長性は一見無駄に思えても，実は大事なことな

のだ（ちなみにジャガイモを古くから栽培しているアメリカ大陸の原住民は，病気が発生したときの被害を減らすために，複数の品種のジャガイモを同時に栽培していたらしい）．いつの世も，効率だけを追い求めて多様性を排除しようとするのは，短期的にはよく思えても，不確実な未来に対する対処としては心もとないのである．

　生態学は，都市計画にも積極的にかかわっていくべきだろう．地域の自然を，外来種や園芸品種ではなく，地元の動植物で豊かにする．そのような場所は，都市公園の意味をもちつつ，生物にとっての「避難場所（refugee）」としての機能ももつ．そこに導入する動植物がどのような環境で暮らしているか，お互いにどのようにかかわり合うかを伝えることは生態学の本分だ．たとえば，街中にホタルが飛び交う場所をつくりたいと思ったときに，ホタルの生息に適した物理的環境や，幼虫のエサのこと，天敵のことなど（ホタルは異性との出会いのために発光するので，町が明るすぎるというのはそれ自体がホタルにとって害となってしまう），いろいろ具体的に考える際に，生態学の知識は役立つのである．

　また，生態学は，もっと政治にモノ申してもよいと思う．日本の自然保護行政には，役所の縦割りの弊害が存在する．たとえば，特別天然記念物に指定されているニホンカモシカ．指定された当初はたしかに絶滅の危機に瀕しており，特別天然記念物とすることで保護したのは適切だっただろう．だが，それから数十年．ニホンカモシカは数を回復し，いまでは畑に出没し，農作物に被害を与えるほどになった．それでも，ふつうのシカとは違い，いまも特別天然記念物なので駆除することが許されない．ちなみに特別天然記念物は，文化財保護法によって指定されている．法隆寺とか東大寺とかの国宝・重要文化財を指定しているのと同じ法律で，管轄は文化庁だ．たしかに，古いお寺の国宝の指定が突然解除されてしまうと混

乱を招くため，文化財の指定を解除することには慎重であるべきだが，生物に関しては現状に合わせてアップデートすべきだと思うのである．ちなみに絶滅危惧種・希少種のリスト（レッドリスト）の管轄は環境省である．そのリストでは，ニホンカモシカはしっかりと，絶滅の危険性が最も低い部類（least concern）に入れられている．文化庁と環境省のあいだに存在する役所の垣根を，ぜひとも取り払っていただきたいものである．

5.3　生物学的環境修復（bioremediation）

生態学の知識で環境問題を解決する手法のひとつとして，生物学的環境修復（bioremediation）がある．たとえば下水処理場では，バクテリアを使って汚泥を分解している．土壌汚染物質や石油などをバクテリアによって分解させることもある．バイオレメディエーションの一種として，ファイトレメディエーション（phytoremediation）もある．「phyto -」という英語の接頭辞が植物を表すことからわかるように，ファイトレメディエーションは，植物を使って環境を改善しようとする方法のことである．たとえば，カドミウムやヒ素などの有害物質を植物に吸着させることで，土壌中の濃度を下げられる．そのまま土壌のすべてを除去するよりも，植物に濃縮させてからその植物を処理したほうが，環境を大きく変えずに，またコストも安く回復できる場合が多々あるのだ．

植物による塩分除去（phytodesalinization）というものもある．麦は乾燥地帯に由来する栽培植物である．乾燥地帯では，水が足りないことに関連して，塩分過多の土壌が多い．水は流れ去るのではなく蒸発して去ることが多いため，そのような場所でもよく育つある種の大麦は，土壌から塩分を除去するのに活用される．

biological control も bioremediation の一種である．人間に害を及ぼす生物の天敵を導入することだ．しかしこれは，むしろ失敗した例のほうが多い（14 ページ）．自然界に存在する食物連鎖を人間が生半可な知識で利用しようとするとき，そのしっぺ返しはとてつもなく大きくなる．bioremediation の有効性と同時に，危険性についても生態学者は専門家として警鐘を鳴らすべきだと思う．

5.4 未来をおもう，人間はとても美しい

「未来をおもう，人間はとても美しい」．僕がとあるインタビューを受けたとき，とっさに出た言葉である．しかしこれ，あとから考えても我ながら名言だと思ったため，この章の末尾に書き留めておく．この言葉，自分としては生物としての人間の特徴と希望を力強く表現したつもりである．人間とは何なのか．そのすべてを言いつくすことは誰にもできないだろうけれど，その重要な断片を整理することならできる．「人間らしさ」の特徴のひとつは，未来のことを考えて自発的な行動ができること，つまり，「あとで困るから，いま我慢しよう」「将来の楽しみのためにいま頑張ろう」といった，後先を考えた行動をとれるということだ．他の生物も，冬越しのために秋にたくさん食べるなど，未来を見据えた行動をとっているように見えることがある．しかしそれは本能がそうさせているのである．秋になると食欲が増すという形質をもった個体群が生き残り繁栄した結果にすぎない．決して，「今日は食欲ないけど冬のために無理してでも食べておこう」といった理性の結果ではない．人間は，こういう未来をおもう理性をもてたゆえに繁栄した．その最たる結果が農耕と牧畜である．考えてみると，農耕と牧畜は我慢の連続である．いま食べてしまえる野菜や子ヤギなどをわざと生かしておいて，汗水たらして世話をする．これは将来大きくしてから食べ

てやるためで，未来のためにいま頑張ることにほかならない．これを本能でなく理性でできることは，人間のすばらしい特徴なのだ．

　そして，独特の美的感覚も人間の特徴だ．進化心理学という学問では（詳しくは第7章，そして拙著『生物進化とはなにか？　進化が生んだイビツな僕ら』[2016，ベレ出版] をご覧いただきたい），その生物の生存と繁殖に役立つ美的感覚が自然淘汰で選ばれると考える．そう考えると，人間のもつ美的感覚は，人間が生き残り，繁栄することに役立ってきたのだろう．人間は，動物や植物を見て，あるいは山や川を見て，素直に美しいと思う．それは，自分たちの住む環境や食料となる生物を理解することが，生存と繁殖に役立つからだ．加えて人間は，人を見て「美しい」と感じることもある．その感覚は，伴侶や仲間を選ぶときにプラスにはたらいてきたのはおわかりだろう．純粋なビジュアルだけではなく，人間の性質や行動にも美しさを伴うことがある．たとえば，未来のために頑張ったり自制したりできる性質や，仲間のためにする利他的な行動がそうだ．これらが家族や社会を維持し，人間は繁栄してきたのである．結局人間は，自分や子孫の繁栄という利己的な目的に沿って生きているのだが，その手段として，自制心や利他心を獲得するに至った．そしてそれを称揚するため，「美徳」という感覚が生まれたのだろう．

　結局，環境問題の解決には，人間のことを信じるほかないと思う．人間はいろいろな失敗を繰り返し，利己的な欲望のために残忍に振る舞うことがあるものの，それでもなお，環境問題を意識し，解決したいと願うこころをもっている．人間が利己的であることを逆手にとり，「環境を守ることがお得」「自分だけが損をするのではない」など，損得勘定も織り込みつつ，ぼちぼちやっていく以外にないのだと思っている．

科学者とは・科学とは

　第5章までで，環境問題についての心構えのようなものを学んできた．この章では少し視点を変えて，生態学や環境科学を実際の仕事や研究にしている科学者というものについて考えていきたい．まずは，僕の経験談からはじめよう．

6.1　ハーバード大学での歓喜と苦闘

　「シミュレーションで自然環境の変動を再現し，将来を予測したい！」

　こういう熱意に燃えて，僕はハーバード大学の博士課程に進学した．学部時代は野外でのフィールド調査に明け暮れていたのだが，それだけでは環境問題の解決にはほど遠いことを実感した．生身の人間が調査できることには限界があり，数十年の寿命しかない僕が数百年先の未来のことについて責任をもって考えるには，研究のやり方を変えるしかないと気づいて，コンピュータシミュレーションを学ぶことにした．

　アメリカの大学院の仕組みは日本のものとだいぶ違う．日本では，2年間の修士課程（博士前期課程）を修了したのちに3年間の博士課程（博士後期課程）に進学し，博士号を取得するのが基本である．アメリカはかなり事情が異なり，僕が進学したハーバード大学の部局（Department of Organismic and Evolutionary Biology. 日本語に無理やり訳すと，「個体・進化生物学科」となる？）には，6年間の博士課程だけが存在していた．

　もちろんアメリカには，修士課程をオファーしている大学もたくさんあり，修士号を取得して就職する学生は多い．しかし僕の入った学科はそのような学生は受け入れず，入学者全員が博士号をとって研究者になることを前提としていた（博士課程2年目の終わり頃にQualifying Exam という重要な「進級テスト」があり，これに落ちると強制的に退学となる．そしてその際に，「残念賞」として修士号をもらえる可能性もある）．ここに入学してくる学生には，ほかの大学で修士号をとってからくる人もいれば，学部を出て直接入ってくる人もいた．僕はワイオミング大学で勉強と研究をやりまくったことが奏功し，直接博士課程に入ることができた（アメリカの大学院入学の可否は，学部の成績，GRE という全国統一テストの結果，研究計画書，推薦状の内容などによって総合的に決まる）．

　アメリカの大学院がすごいところは，その奨学金制度だ．多くの博士課程では，入学を許可される学生全員に奨学金が保証されている．学費全額に加えて，stipend という毎月の「給料」も支給され，生活費に充てることができる．もちろん返済の義務などない．義務感として背負っているのは，立派な研究者になってほしいという大学からの淡い期待だけだ．もちろん結果として研究者にならなくても何のペナルティもない．ハーバード大学ならば，学費とボストンエリアでの生活費を6年分．実に数千万円に相当する．

この度量の大きさがアメリカのすごいところだと思う．こういう好意のおかげで，大学院生たちはアルバイトの心配などをすることなく勉強と研究に集中できる．ただし，日本の大学院より待遇が良いということは，集まる学生のレベルが高くなるということも付け加えておかねばならない．給料をもらいながら学位が取得できるのだから，競争倍率は跳ね上がる．当然といえば当然だ．これは，好待遇で優秀な人材をリクルートするという大学や国家の戦略でもある．そして，大学にここまで環境を整えてもらったら，勉強や研究がうまくいかない言い訳として「うちは貧乏なんでアルバイトが忙しく……」などとは言えなくなってしまう．成功も失敗も，結果はすべて自分の能力と努力が招いたものとして受け入れなければならない．

ハーバード大学に入って僕は，信じられないほどの好待遇にびっくりし，天にも昇る気持ちになった．まさにアメリカンドリームである．その一方，大学のレベルの高さに衝撃を受けた．まず，授業にびびりまくった．まったりした地方公立大学であるワイオミング大学は，ある意味ぬるま湯であった．生物学専攻の僕が大学専門課程レベルの数学の講義をとっても，宿題でもテストでもすらすら解けてクラストップになり，先生に天才呼ばわりされてしまうのである．自分自身もその気になって，数学に自信があるからと生物学出身のくせにコンピュータシミュレーションを使って研究する気になったのである．ちなみに，日本人なのにアメリカの歴史のクラスでも成績はトップだった．こんな感じで，完全に調子に乗っていたのである．

しかしながら，ハーバードでは自分の井の中のカワズっぷりを思い知ることになった．博士課程の1年目ではいろいろな授業をとるのだが，そのなかでも特に，数学の授業についていくのがやっとと

いう情けない事態になった．毎週の宿題は 3 問程度であったが，それを解くのに最大で 10 時間も悩むような状態だった（そうはいっても，努力すれば何とか解ける絶妙なバランスの問題を出す先生の的確さはすごい．自分が先生になってみて，ハーバードの先生はすごかったなと心の底から思うのである）．

生物学科の僕にとって数学は必修科目ではなかったこともあり，学期の途中で履修をやめてやろうと何度も考えた（アメリカの大学には学期の途中でもクラスの履修登録を解除できる「withdraw」という制度がある．あまりにも難しい，あるいはあまりにもつまらない授業はキャンセル可能なのだ）．しかしその苦闘によって，困難な課題にチャレンジして，工夫して，克服するということが，ある種の喜びを与えてくれることにも気がついた．ぬるま湯時代にはあまり味わえなかった感覚であった．これに気づいたことで勉強のペースをつかみ，数学の授業 3 つを何とか乗り切ることができた．

そしていまにして思えば，こういうふうに自分の限界までひたすらプッシュして努力する経験が，その後の研究者人生で非常に役立ってきた．日本で大学受験を経験してない僕にとって，人生のある時期に体力と精神力の限界まで勉強することは，やはり大事なことだったのだ．

ハーバードでの指導教員ムーアクロフト先生（Paul Moorcroft）は，本当に頭のいい先生だった．「地球の環境問題を，生物学の視点からのコンピュータシミュレーションで研究する」という僕の漠然とした思いが形になるよう指導してくれた人だ．ただ彼は，自分の優秀さゆえに，「お前にもできるだろ」と学生に無茶振りをするところがあった．たとえば，たまたま雑談のなかで彼に浮かんだアイデアは，「年輪っておもしろそう」．

彼のアイデアを説明すると，樹木の年輪の幅は毎年の成長量を表

しているため，いろいろな場所でたくさんの年輪データをとれば，気温の高い年・低い年，雨の多い年・少ない年といった気候の変化が樹木に与える影響がわかる．そうすれば，将来温暖化したときの樹木の反応も予想できるのではないか，ということだ．

これを思いついた彼は，興奮気味に僕にカナダ北部での調査を命じた．そして僕は車で往復8000km超の旅行をし，年輪データをとってきて，解析することになった．とはいうものの，当の先生も，もちろん僕も，年輪の研究などしたことがない．僕は一から独学ではじめて，文献を漁り，経験者に聞き，何とか研究論文を仕上げることができた「年輪を調べると過去の気候の変化がわかる」という考え方は間違いではないが，科学的に意味のあるデータをとり，何らかの結論を導くことは一筋縄ではいかない．年輪に表れる気候変動の影響はごくかすかなものなのだ．年輪の幅は，もっと直接的な，たとえば隣の木との競争や動物に葉っぱを食べられたなど，ローカルであからさまな要因でコントロールされているためだ．僕の試行錯誤と，解析に使った数学に興味のある方は，Ise and Moorcroft (2008) の論文を探して読んでみてほしい（図6.1）．

ひとつ間違えれば苦労が徒労に終わったかもしれない綱渡りだったが，こういう経験もその後の人生の役に立っている気がする．自分の能力と知識と工夫とバイタリティで何とかしてやろうという，科学の世界での開拓者精神というかサバイバル能力というか，冒険者感覚のようなものが培われたのだ．

こんな感じで，受難と刺激に富んだ経験を満載しつつ，僕の博士課程はあっという間に進んでいった．僕は何とか，生態系の光合成や呼吸といった作用のシミュレーションをつくることができ，これが大気中の二酸化炭素濃度にどう影響するか，その結果将来の温暖化がどうなるかを調べる取っかかりを定めることができた．

図 6.1　カナダの森で樹木に鉄のチューブをねじ込んで年輪を調べる．寒いはずのカナ
　　　　ダだが，夏は結構暑い．蚊に刺されぬよう厚着して作業するのはたいへんだ
　　　　った．

　しかし，研究の進展とともに，僕は次第にアメリカの暮らしに燃
えつきていった．努力の報われる国，刺激的な国，研究環境のすば
らしい国……．アメリカのポジティブな側面は身にしみてわかって
いたが，何だか無性に日本に帰りたくなった．10 年近くも海外に
暮らしていると，生まれ育った日本のことが，たまらなく恋しくな
った．留学前にくすぶっていただけの場所で，いま僕は何かを成す
ことができるのだろうか．自意識過剰ではあるが，すごく気になっ
た．というわけで僕は，博士号取得と同時に帰国し，日本で研究者
として歩みはじめることにした．

6.2　研究者の就職事情

　僕は，自分にときどき訪れるチャンスを積極的につかまえるよう

に生きている．研究に対する使命感は強いし，ライフワークとして取り組みたいテーマはしっかりもっているが，それを実現する場所や自分の肩書きに固定された理想像のようなものはなく，偶然現れた機会に飛びつくことが多い気がしている．自分としては，刻々と変化する状況下で臨機応変さと未来に向けての嗅覚を発揮して自分の環境を開拓することもサバイバル能力であり，人生の冒険者がもつべき感覚であると思っている．

これまで書いてきたように，僕は大学からアメリカに留学し，博士号をとるまでずっとアメリカで学んでいた．これはすばらしい経験で，多くの知識を身につけ，研究の成果を挙げることができた．このままレールに乗って，アメリカのアカデミックポジション（大学の先生や研究機関の研究員のこと）に就くことが素直な選択だったのかもしれない．まわりの人たちからもそうするよう勧められたが，僕は日本に帰りたいと熱望するようになっていた．

長く海外で暮らし，僕は逆に日本のことを考えるようになっていた．日本の良いところも悪いところも客観的にわかってきた．そして，これからの人生を日本の自然と文化と人びとに囲まれて暮らすことで，公的には科学や社会のため意義のある研究ができたり，私的にはおもしろい発見や成長があったりするんじゃないかと漠然と思うようになった．そう思ったのは 35 歳．決して若くない．むしろ納得して死ぬための生き方を模索していたのかもしれない．

さてそうなると，日本で仕事を探さねばならない．その際，ひとつ問題がある．僕は日本の大学に通ったことがないため，母校や恩師というものが存在しないのである．日本の研究者の知り合いもほとんどいない．このような状況では，日本の求人情報はあまり入ってこない．

知り合いから情報を得るということは，日本でもアメリカでもア

カデミックポジションに就くための重要な手段である．一般企業の
求人と違い，アカデミックポジションの求人は，欠員が生じたとき
や新しいプロジェクトがはじまったときなど，散発的に，ごく少人
数の募集があるにすぎないからである．その数少ない情報に精通す
る者が就活を制する，といってもよいかもしれない（もちろん情報
を得たとしても，それだけで採用が保証されるわけではない．ほかの応募
者と同じまな板に載せられて，業績・能力・適性・やる気などで審査され
ることになる）．

　ところで，学会に参加するというのは研究者の重要な業務であ
る．自分の研究を発表することで科学の進歩に貢献することにな
り，研究についての質問やアドバイスを受けることで次の研究の
ヒントになり，ほかの研究者の発表を聞いて刺激を受け，新たな着
想につながったりするからだ．というわけで僕は，学生時代から毎
年，Ecological Society of America（アメリカ生態学会）の会合に
出席することにしていた．

　ある年，そのときの開催地だったカナダのモントリオールで，た
またま日本から来ていた若手研究者と知り合うことになった．彼
は，生態系のコンピュータシミュレーションで地球温暖化を予測す
るという，まさに僕と同じテーマで研究をしていた．生態学者のな
かでもこういう研究をする人はごく少数なのだが，こういう珍しい
仲間との出会いがあるのが学会の醍醐味である．

　彼と知り合ってのち1年間くらいは音信が途絶えていたのだが，
たまたま別件で連絡をとったとき，彼は「そういえばうちの研究所
（海洋研究開発機構：JAMSTEC）で研究員の募集があるよ」と教
えてくれた．ピンときた僕は，「それならばぜひ！」と答え，すぐ
に応募し面接に出向いた．するととんとん拍子で話は進み，特任研
究員として雇ってくれることになったのである．

　しかしここで問題となったのが，日本とアメリカの「事業年度」の違いである．日本の年度は4月からはじまるが，アメリカでは9月からはじまる．この，約半年の「時差」をどのように埋めたらよいか．事情を指導教員に相談したら，あっさり解決した．「せっかくポジションが決まったんなら，半年早く卒業して春から就職できるよう段取りしてあげるよ」．アメリカはこのあたりがフレキシブルだ．基本的に，指導教員がOKといえばOKなのである．もちろんそれは，博士号をもつに値する研究成果を挙げたことを指導教員の責任で認定することであり非常に重要な決定なのだが，とにかく表面上は，「君ならOKだよ」という軽いノリで，博士号取得の段取りを進めてくれた（ちなみに，日本の博士号授与の判定基準は，論文を何本書いたかという数字であることが多い．これは客観的な基準だともいえるが，うがった見方をすると，本来は指導教員が判断すべき「博士号に値する研究成果」というものを，匿名の論文査読者の判断に丸投げしているともいえる）．

　さて，海洋研究開発機構では，地球シミュレータ（当時の日本でとびきりハイスペックだったスーパーコンピュータ）を使った地球温暖化予測プロジェクトに参加した．僕のポジションは特任研究員．「特任」という言葉がついていると特別立派なポジションのようにも見えるけれど，実はそうではない．公的機関の肩書きにつく「特任」とか「特別」とか「特定」というワードは，「期間限定のプロジェクトがある間だけ存在するポスト」「プロジェクトが終了したら任期満了で仕事がなくなるポスト」を意味する．僕の場合は5年のポストだった．そのため，こういう有期雇用の研究者は，期間が切れるまでに次のポストを探さなくてはならないわけで，次の就職に有利になるように必死に業績を増やそうとする（**図6.2**）．

　近年，日本の研究者のポストは有期雇用のものが多い．それに

図 6.2　海洋研究開発機構の庭. 僕の勤務していた研究所は横浜市金沢区の住宅街にあった. コンピュータシミュレーションに疲れると, 敷地内の草花や池のメダカなどを観察していた. なお公的機関の研究職は「裁量労働制」という勤務形態をとっていることが多く, 真っ昼間に庭をウロウロしていても, サボっていることにはならないのである.

は, 研究者の流動性が高まる, 彼らが必死になって研究する, というメリットがある. その反面, 優秀な研究者でも, タイミングが悪いと空きポストが見つからず路頭に迷うこともあるという, 不安定な制度でもある.

　僕は個人的には, いまの日本の仕組みに賛成だ. 科学者の大半は究極的には国民の税金で養われているのだから, 研究者が気を抜かず頑張り続ける仕組みが必要だと思うのである. 「国の科学者を一般会社員のように終身雇用にして, 上司が日々の研究を細かく管理したらどうか」という議論もあるが, それはうまくいかないと思う. 科学者には会社員と違った自由が必要だからだ. かといって, すべての研究者に「自由に研究していいよ, 定年までの給料は保証する」と大盤振る舞いするのもいまのご時世むずかしい. そうなる

88

と，期間限定で雇うのが落としどころとなるのだ.

　もちろん，単に研究者に厳しくすればよいというものではない.
研究者の待遇が悪いと優秀な学生は研究者を目指さなくなり，国の
科学レベルの低下を招く．この話は長くなりそうなので，また機会
があれば.

　さて，日本で就職してからも，僕は定期的にアメリカ生態学会に
参加していた．その年は，ニューメキシコ州での開催だった．帰り
際，空港のロビーで雑談しながら搭乗を待っていると，話しかけ
てくれた人がいた．兵庫県立大学の先生だった．僕が「特任」のつ
いた研究員だと知ると，求人情報を教えてくれた．京コンピュー
タ[1]の神戸への誘致に合わせ，兵庫県立大学ではコンピュータシミ
ュレーションを専門とする先生の募集をするとのことであった．そ
の場では10分くらいしか話さなかった偶然の出会いだったが，僕
は後日インターネットで情報を調べ，応募することにした．そして
面接によばれ，准教授として採用された．たまたま空港でその先生
と居合わせなかったら，人生は大きく違っていただろう．こうやっ
て不思議な偶然に動かされながら，僕の人生は進んでいくのだ.

　地球シミュレータで研究してきたから，次は京コンピュータだ！
というある種の安易な発想で就職した兵庫県立大学のシミュレーシ
ョン学研究科だが，そこで得たことは，僕の研究に新たなカラーを
加えることとなった．ここではいろいろな研究に出会った．同僚の
先生たちは物理学者が多かったが，商店街の集客パターンや，ソー
シャルネットワーキングサービス（SNS）のデータ解析など，シミ
ュレーションを自由奔放に駆使していた．「科学の基礎知識や技術

---

[1] 当時，世界一を目指して開発されていたのだが，「2位じゃだめなんですか？」と
いう政治家の批判により，危うく潰されかかった．このとき京コンピュータができ
ていなければ，僕の仕事もなくなり路頭に迷っていたかもしれない.

図 6.3　兵庫県立大学のシミュレーション学研究科. 左手には理化学研究所の京コン
　　　　ピュータが, 右手奥には甲南大学がある. ここは神戸市の人工島・ポートア
　　　　イランドにある, 大学や研究機関が密集した場所なのだ. 兵庫県立大学には,
　　　　「シミュレーションを使っておもしろいことをしてやろう」 という人材が集ま
　　　　っていた.

はいろんなことに応用できる！」. 僕は目を開かされた（**図 6.3**）.

　生態系と地球温暖化についての研究は僕のライフワークではある
のだが, これと同時に, 兵庫県立大学にいられたことでシミュレー
ション研究のもつさまざまなポテンシャル, 特に人間を扱う研究に
ついて考えるきっかけとなった. 温暖化などの環境問題を起こして
いるのが人間であるならば, 人間のことをシミュレーションして,
問題の究明や解決策の模索ができないか, というわけである. 人間
の行動を分析するというのはすでに医学・心理学・工学・経済学な
ど多くの分野で実行されているわけだが, 生態学者, つまり人間以
外の生き物を分析するプロである僕が, 人間のことを研究したらお
もしろいんじゃないかという発想が生まれたのである.

6.3 科学のお作法

　さて，科学者としてするべき仕事は，研究をして，その結果を発表することに尽きる．そのときにとても大事な，科学の「お作法」の話をしよう．お作法というと何だか堅苦しいイメージだろうか？たとえば茶道のお作法．僕も半年間だけ習ったことがある（10 年近くアメリカに住んでいた僕は，帰国した当時，日本的なものに飢えていたのだ）．たしかに茶道のお作法は厳しい．お茶碗など道具の扱い方はもとより，部屋に入るのは左右どちらの足からか，畳のへりから何 cm 離れて座るか，などなど細部に至るまで作法が決められている．

　しかしそれは，なぜだか僕にとって心地のよい世界だった．すべては「おもてなし」を提供する側と受ける側が，気持ちよく交流するためのルールだから．一つひとつの作法の意味を説明してもらうと，なるほどどれもちゃんとした理由があり，作法を守ることで，優美さ・敬意・メリハリなどを効果的に示すことが可能だ．そして日々のお稽古によって作法を身につけることができれば，いちいち背後にある理由を考えなくても，自然に良いおもてなしを提供したり，それを気持ちよく受けたりすることができるようになるという優れものだ．

　科学のお作法も同様だ．作法を守ることで，僕らは科学者らしく物事を考え，検証し，発表することができる．作法を守ることは，研究者自身にとっても価値のあることで，僕らの研究に刺激を受ける同業の研究者にとっても，僕らの研究を使って社会を良くしようと思ってる人たちにとっても，非常に有益だ．科学のお作法も，茶道のように事細かに決められている．その一つひとつに意味はあるのだが，僕ら科学者は，いちいち考えなくても，自然と作法に沿っ

て思考し行動するように稽古を受け，訓練されている．

　「ウソを言ってはいけません」「盗作してはいけません」「意図を曲げた引用をしてはいけません」「他人が再現できるように情報を開示しなさい」「同じ結果を二重に発表してはいけません」「言葉の定義を明確に」「できるだけ数字で書きなさい」……科学のお作法は数多いが，どれもあたりまえといえばあたりまえ．科学者同士は，お互いが共通の作法を守っていると信じたうえで議論をする．だから議論の本質に集中することができる．「そもそも，この人ウソついてない？」などと疑いはじめては建設的な議論はできませんよね？　みんながモラルを守っているという前提．こうやって科学は発展していくのだ．

6.4　科学ってなに？：客観性とは

　科学者という職業には，勤勉な努力と冷徹な客観性が求められる．その一方で，いろいろな意味でエキセントリックな人も多いという，正反対の特徴もある．ひとつの逸話を考えてみよう．

　19世紀のドイツの科学者ケクレ（August Kekulé）は，ベンゼンという物質の構造について悩んでいた．当時，ベンゼンは炭素原子を6個含むことまではわかっていたのだが，その6個がどのように並んでいるのか，いくら考えても彼にはわからなかった．あるとき彼は夢を見た．夢にはヘビが出てきた．そのヘビは，なぜか自分のしっぽにかみついた．ひも状の体をもつヘビが自分のしっぽにかみつくと，その形は輪っかになる．

　この夢は，ケクレにとってかけがえのない啓示となった．ベンゼンの炭素原子は，6個がひも状に並んでいるのではなく，輪っか状につながった構造をしているのではないか．このアイデアは革新的だった．彼はこのひらめきに基づき説得力の高い仮説を構築するに

至った．その後，幾多の検証が行われ，ついにこのアイデアが事実であることが証明された．

これは有名な科学の逸話である．そしてこれは，僕らが「科学とは何か」を考えるとき，とても大切な示唆を与えてくれる．夢に啓示を受けて独創的な理論を形づくったというのはもう，科学と正反対の世界だと思われるかもしれない．たとえば，夢で思いついたアイデアを「神さまのお告げだから信じなさい」といえば宗教ができあがるんじゃないだろうか．事実，世界には，そうやって誕生した宗教・宗派も数多い（ちなみに僕は，宗教に否定的な感情を抱いているわけではない．科学は宗教と違う，と言いたいだけで，科学は宗教より価値がある，と主張しているわけではない．僕自身は無神論者だが，宗教には価値があると本気で思っていて，研究テーマにもしている）．

夢で見たアイデアというのは，宗教以外にも，たとえば芸術でもよく活用されている．絵画でも音楽でも文学でも，よく聞く話だ．むしろ意識がもうろうとしているほうが良いアイデアが出ることも多いのだろう，わざと幻覚を見るために薬物を使用するアーティストも存在する（サイケデリックロックという，薬物使用を前提とした音楽のジャンルまで存在する）．宗教の世界でも，薬物の効果を利用することは多々ある．ネイティブアメリカンのシャーマンが儀式で用いるなど，幻覚作用は超自然の世界への入口として使われている．

このように，考えれば考えるほど，ケクレの見た「夢のお告げ」は，科学とはかけ離れたもののように思える．しかし，それでもなお，ケクレの発見は科学である．なぜだろうか．これが科学たる根拠は，そのアイデアが客観的に検証されたことにある．それまでに行われた実験の結果と，ケクレのアイデアのあいだに矛盾がないか．その後の新たな実験の結果は，そのアイデアをサポートするか．ケクレ本人や他の科学者によってさまざまな検証が行われ，そ

のアイデアが事実であることが認められるに至ったのである.

　ケクレの見た夢は, その時点では単なるアイデアにすぎない. ア
イデアの誕生はきわめて個人的で主観的な出来事だ. 僕の場合で
も, なぜだか散歩していたりお風呂に入っていたり酔っ払ったりし
ているときに限って, 大胆なアイデアが浮かんでは消えていく. お
風呂から飛び出してメモしたりすることもある. こういったことは
科学者の日常茶飯事ではないだろうか. 仮説は何がきっかけで生ま
れたとしても問題ではない. 大事なのは, 科学のお作法に沿ってア
イデアを検証するかどうかだと思っている.

6.5　科学ってなに？：反証可能性とは

　科学者は, 自分のアイデアを厳格に, 客観的に検証しなければな
らない. そしてそれを発表する際には, 同業者が「反論しやすい」
形で発表しなければならない. これを専門用語では, 反証可能性と
いう. 科学哲学者のポパー（Karl Popper）は, 科学とは, 反証可
能性をもつ理論だ, と述べた. 科学が科学である根拠は, この反証
可能性にある. 僕は「科学とは何か？」という本質的な問いを投げ
かけられたとき, この言葉を使って説明するようにしている.

　反証可能性とは何か. それは, 自分の主張が覆される条件を, 自
分ではっきりと提示しておくことだ. 自説の土台をはっきりさせて
おけば, それが壊れるとき, 自説は根本的に崩壊する. その土台を
具体的に明示して, 同業者の反論に委ねること.「これが僕の根拠
のすべてです, どうか壊してください」とまな板の上の鯉になるこ
と. そして反論によって土台が壊されたら, 間違いを潔く認めるこ
と. こういうのが反証可能性である.

　科学というのは, 反論され, 批判にさらされることで成り立って
いる. 痛烈な批判を受けると, 間違った説はどんどん淘汰されてい

くだろう．しかし，本当に真実が含まれている説なら，叩き潰されずに残るものがある．何年もかけて，何人もかかって反論しようとしても，潰しきれないもの．これが次第に法則として認められることにより，科学は進展する．こうして僕らは，科学の長い道のりで，ほんの少し真実ににじり寄ることができるのだ．

　僕らの仮説には，真実が含まれているかもしれない．しかしそこには，思い違いや勘違いといった不純物がまとわりついている．まわりの人びとからの批判を受けることによって，ピュアな真実を見つけ出すことができる．しかし，根本的に間違っていて，何も残らなかった仮説のなんと多いことか……！

　議論は科学に必要なプロセスであり，他人の批判に耳を貸さなくなったら科学者としての終わりだ．世間から注目を浴びることがあっても，ここだけは絶対見失ってはならないと思っている．そして科学では，大御所と若手研究者が対等に議論する環境が必要だ．肩書きではなく，理論でたたかうこと．これも科学のお作法であり，科学の美しさだと思う．そう，お作法とは，美しいものである．

　ただし，ただやみくもに議論をふっかけ批判するというのはご法度である．相手の主張を理解せずにする批判とか，自分の無知や勉強不足を棚に上げて相手にくってかかるのはお互いに時間の無駄だ．アメリカでは，そのような人はコテンパンにやられてしまう．シャイだといわれることの多い日本人がアメリカに留学して，「とにかく何かしゃべろう」と意気込んでトンチンカンなことを言ってしまい，袋叩きに遭うというのもまた現実である．さらに，アメリカの研究環境の美点は，本当に優秀な人がリーダーをやっているというところにもある．肩書きや年齢ではなく，知識と理論で相手を納得させる能力が求められているからだ．「上の人ほど優秀である」というあたりまえなこと，早く日本でも実現してほしいものである

（ちなみに「上の人」は自分が優秀であると思っているから，「上」からの改革は望めない気がする．少なくとも僕は，裸の王様のような上の人になりたくないから，頭がはたらかなくなる前に隠居したいと思っている）．

　実験を続ける執拗さと，さわやかなあきらめのよさ．この相反する能力も科学者に不可欠である．我々は知能と時間と資金のすべてを投入して，仮説の証明に賭ける．しかし，それが無駄に終わることも多々ある．そんなとき，自説が間違いだと認めるさわやかさも科学のお作法であり，これもまた，たいへん美しい．

　2014 年，日本の科学界を揺るがした STAP 問題については記憶に新しい読者も多いことだろう．当初は世紀の大発見だともてはやされた研究だが，故意のねつ造や他人の論文からのコピー&ペーストなどが判明したことで，その信頼性は地に墜ちるに至った．当時，僕の職場は小保方さんが所属していた研究所の隣の駅にあったこともあり，この事件はいまも記憶に鮮明に焼きついている．ここで問題になったねつ造やコピー&ペーストは，あからさまな，お作法の違反であった．

　このときの報道では，科学のお作法を知らないマスコミによる，間違った誘導が多く見られた．本来は，お作法違反が判明した時点で，「STAP 細胞はありません！」と結論を出すべきなのだ．しかしマスコミには，「たとえねつ造やコピー&ペーストがあったとしても，STAP 現象が実在しさえすればすべての問題は解決する」，という論調があった．STAP 現象が実在するならば，それは人類に多大な益をもたらす．だから，論文にお作法違反があっても，結果が正しければいいのではないか，という考え方だ．このように考えたくなる気持ちは少しはわかるけれど，それは明らかに間違っている．

　「思いつきで何かをでっち上げました，その証拠はねつ造しま

した，しかしよくよく調べてみたら，それは実在する現象でした」
——このように，終わりよければすべてよし，的なやり方が認められたらどうなるだろう．世界中でねつ造の論文が多くはびこることになるだろう．たしかに，ねつ造の論文を書く人も，「これが本当なら世界は救われる」というような善意で書いてるのかもしれない．そして，ねつ造の論文のうち数％は，「たまたま正解」なのかもしれない．しかし，残りの圧倒的大多数のねつ造論文は事実無根のウソである．ウソの論文が大量生産されると，そのたびに世界の科学者は右往左往することになり，疑心暗鬼がはびこり，やがて，性善説（みんながお作法を守る前提）に立つ世界の科学は壊滅することになる．

　それなら性悪説に立って，すべての論文を第三者が検証してからでないと発表できないことにすればよいのだろうか？　そうなると，検証のための時間がかかる．一刻も早く世に出すことで難病患者が救われるかもしれないのに，2年も3年も待たねばならなくなる．検証の費用は誰が出すのか．なかには数千万円，数億円かかる実験もあるだろう．このようなわけで，科学は性悪説では進めないのだ．

　これは科学に限らず，音楽や文学の業界でもそうだろう．新作を出す前に，盗作とならないかどうかを世界中すべての作品と照らし合わせて確認する，などということはできないし，する必要もない．盗作がばれたときにアーティスト生命が絶たれるという覚悟とプライドがオリジナリティを担保する．これが，科学や芸術なのである．

　ところで，小保方さんはかっぽう着でテレビに出演し，研究室にはムーミンの絵が貼ってあった．マスコミの風向きが変わってからは，これらのことも批判や揶揄の対象となったが，僕はこの点につ

いては小保方さんの肩をもつ．ケクレのように，発想はしばしば，
突拍子もないところからやってくる．かっぽう着やムーミンで素晴
らしいアイデアが湧いてくると本人が信じられるなら安いものだ．
大いに結構なことだと思う．肝心なのは，出てきたアイデアを検証
するお作法に間違いがあるか，ないかということ．批判はここに絞
るべきである．

全力で走らねば

　読者のみなさんは「赤の女王」をご存じだろうか？　赤の女王は，『鏡の国のアリス』の登場人物である．作中で彼女が言った，「その場にとどまるためには，全力で走り続けなければならない．（It takes all the running you can do, to keep in the same place.）」という言葉は，生物学者にとって特別深い意味をもつものとなっている．生物は常に，生態系という戦場において，進化という軍拡競争を繰り広げている．進化の原動力は，お互いにお互いを上回ろうという争いだから，全力でたたかわないと「その場にとどまる」という現状維持さえむずかしいのである．少し考えてみると，赤の女王の名言があてはまるのは，生物進化だけではない．たとえばお店の経営について，京都の老舗の主人などもパラドックスめいたことを言うことがある．「伝統を守り店を長期間維持するためには，世の中の変化に合わせてどんどん変えていかねばならない」などと．その場所で何百年も店を続けて伝統を守るには，世の中に合わせて変化し続けて売り上げを稼がねばならないのだ．

　日頃生物を研究している僕だが，僕ら科学者自身も，全力で走り続けなければならないと思っている．科学の進歩は日進月歩．毎日のように新しい研究や発見のニュースが世界を飛び交っている．一方で，生態学の世界は比較的ゆったりしていて，ニュースになるような研究はあまりない．「生態学の研究には長い時間が必要だから焦ってはいけない」という研究者も多いが，科学をとりまく情勢が今後も変わらないと思っていたら泣きをみるかもしれない．日夜，世間では新しい学問が生まれている．しかし，科学者の数や，科学関連の予算はあまり増えていない．それはどういうことだろう？少し考えてみると答えはすぐわかる．古くなった学問は葬り去られていくということだ．「学問の死亡」に医者の宣告は必要ないし，それが新聞記事になることもない．単に，その学問を研究する人とお金がなくなれば，それで終わりなのだ．

　科学者の使命は，「世界ではじめて」といえる研究をして発表することである．誰かの二番煎じではダメだ．誰かとよく似た研究では，一応論文を書くことができたとしても，あまり評価されない．誰とも似ていない革新的な研究をすることが科学者の醍醐味だ．だから僕は，学者として最先端にい続ける使命を感じている．いつでも全力で走っていなければ，プロの科学者としての面目は保てない．10年前に *Nature*（有名な学術雑誌）に載ったからといって，それを後生大事にしているだけではすぐに進歩に置いていかれるのだ（自虐です）．

　いまも僕は，新しい道具を取り入れようといろいろ模索中だ．自然を理解し，自然を守るのが僕の目的である．そしてそのために給料をもらっている．この目的を達成し科学者としての責任を果たすため，もし新しい道具が役立つのなら使うだけである．そして，注意深く世の中を観察していると，生態学や環境科学の研究に使えそ

うな道具が，近年の技術革新でたくさん登場していることに気づ
く．それらを使えば，これまでむずかしかったことが可能になるか
もしれない．成功したら，それは学者としての使命を果たすと同時
に，何物にも代えがたい興奮を僕にもたらすのである．こんなわけ
で，科学者は日夜新しい研究に取り組んでいるのだが，ここでは僕
が個人的に最近取り組んでいることを少し語ってみたい．キーワー
ドは「ビッグデータ」だ．

7.1　人工知能を使ってみる

　最近僕は人工知能に注目している．特に，何かと話題に上るこ
との多いディープラーニング（深層学習）は，人工知能の世界にブ
レークスルーをもたらした．簡単にいうと，ディープラーニングの
おかげで人工知能は格段に賢くなったのである．たとえば，画像の
なかに何が写っているかを判別する能力は，人間に並ぶほどになっ
た．「人間並み」というとたいしたことがないように聞こえるかも
しれないが，考えてみてほしい．コンピュータは疲れ知らずで，単
純作業が得意中の得意なのだ．大量のデータを非常に素早くさばく
ことができる．人間ならすぐに音を上げるような作業を，安定した
クオリティでこなしてくれる．「人工知能はテレビやマンガの世界
の話」のように考えて，まさか自分が人工知能を使うなんて思いも
よらない生態学者も多いだろう．でも逆に，生態学のように，研究
対象が大きく変化に富んでいて，観測がむずかしい学問のほうが，
人工知能の恩恵にあずかる機会も多いと僕は思っている．

　さて，1枚のデジカメ写真は，それ自体がビッグデータである．
ということは，スマートフォンで撮った写真でさえもビッグデータ
ということになる．考えてみよう．近年のデジタルカメラやスマー
トフォンは，縦3000ピクセル・横4000ピクセルなどの高解像度で

写真を撮ってくれる．その写真は，計算すると $3000 \times 4000 = 1200$ 万のデータをもっていることになる．そしてカラー写真では光の3原色（赤・緑・青）が各ピクセルに記録されているから，データ量はさらに3倍で3600万となる．何気なくシャッターを押すだけでこれだけのビッグデータがとれるのだから，いやはやすごい時代になったものだ．このように，デジカメという機械はいとも簡単にビッグデータを提供してくれるが，それを活用できるかどうかは人間にかかっている．デジカメというビッグデータと，強力な人工知能．これらふたつを使って何をするかは僕らのアイデア次第だ．

2017年のゴールデンウィークのある日，当時流行しはじめていたディープラーニングの勉強でもしようと思い立ち，僕はコンピュータの前に座っていた．当時，京都市内の苔庭の研究に着手していたこともあり，ディープラーニングでコケの自動識別などができないものかと考えたのだった．ディープラーニングの工程で，最も重要で最も手間がかかる作業は，人工知能の学習に用いる教師画像の作成だということは知っていた．そこで，ビッグデータ製造機であるデジカメでコケの写真を撮って，それを効率よく教師画像に変換することができないか実験してみたのだった．

ディープラーニング入門で必ずといっていいほど用いられる手書き数字の画像データ[1]は，一辺が28ピクセルの小さな正方形である．だから，人工知能にコケの種類を教え込むときにも，このくらい小さな画像を使うのがよいと考えた．となると，デジタルカメラの写真は一辺が何千ピクセルにも及ぶわけだから，マット状にコケが密集している場所を写真に撮って，その写真を分割すれば，「こ

---

[1] MNISTというデータセット．画像識別にかかわる多種多様な人工知能に入門する際，十中八九このデータを例として学ぶことになる．

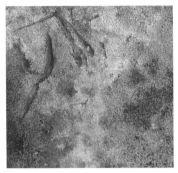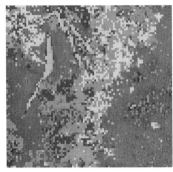

図 7.1　苔庭のコケを人工知能で識別する．複数の種類を同時に識別するのはむずかし
　　　　いのだが，かなり高い精度を達成することができた．　→ 口絵 4

ま切れ」の小さな画像が，何千・何万という単位で得られることと
なる．

　この着想を実行に移したその結果は，自分の目を疑うほどのすば
らしいものだった．この研究を思い立ったゴールデンウィークの 1
日のみで，数種類のコケをかなりの精度で自動識別することに成功
してしまった．撮影する写真を微調整したり，教師画像を増やした
りすると，識別の精度はさらに高まっていった．この手法を「こま
切れ画像法」と命名し，成果を論文にまとめて発表したところ，有
名なアメリカの情報科学雑誌（*MIT Technology Review*）に取り
上げられるなど注目を集めるに至った（**図 7.1**）．

　のちに知ったのだが，こま切れ画像法は，それまでも存在してい
たディープラーニングの手法（semantic segmentation）の亜種と
呼ぶことも可能である．しかし，従来の手法では，不定形な物体の
エッジをマウスで細かくクリックして指定するなどの作業が必要だ
ったのに対し，こま切れ画像法はエッジ検出を省略したおかげで，
教師画像の作成効率が格段に向上している．実際僕は，はじめてデ

ィープラーニングに触れる人を対象にこま切れ画像法の講習会を開催しているのだが，参加者はわずか2時間足らずで，インターネットから教師画像を取得し，それを使って人工知能モデル（画像識別器）をつくり，その性能を評価するという一連の作業を完遂できるほど手軽な手法なのである．

　そもそもコケなどの植物は，動物と違って不定形な見た目をしている．ディープラーニングは，人間・動物・乗り物など形が決まった物体の識別は得意だが，不定形な植物の識別は苦手とされてきた．生物学的にいうと，植物の成長はモジュール的である．植物は葉っぱ・枝・花などのモジュール（部品）をもっていて，状況に合わせてモジュールをつくり出す．生育条件の良い環境では植物は多くの葉っぱや花をつけたりする．一方，イヌやネコにどんなに栄養豊かな食事を与えても，決して足が6本になったり目が4つになったりすることはない．動物の形は決定論的（deterministic）に決まっているからだ．

　形が不定形であることに加えて，植物は個体が密集して生育することも多く，その写真から個体を識別することがむずかしい．特にコケのようにマット状に密生する植物の個体識別は，人間にとっても人工知能にとっても絶望的である．しかし人間は，少し訓練すれば，その植物のマットを構成しているコケが，ハイゴケなのかコツボゴケなのかシノブゴケなのか，テクスチャ（風合い）で判別できる．そこでこま切れ画像法では，はじめからコケの個体識別をあきらめたうえで，そのテクスチャを学ぶことに集中することにした．これが成功の鍵だったように思う（**図7.2**）．

　こま切れ画像法は，コケに限らずさまざまな植物の自動識別に用いることが可能だ．2018年から，外来種を自動識別する研究に取り組んでいる．日本の広い範囲に生息するセイタカアワダチソウは

104

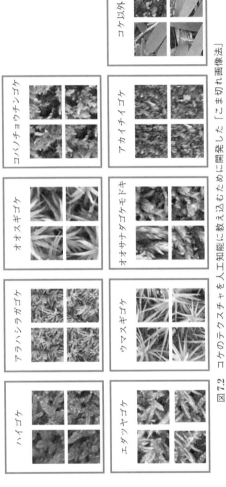

図7.2 コケのテクスチャを人工知能に教え込むために開発した「こま切れ画像法」は、デジタル写真を小さなこま切れに分割するのがポイント。これで複数種のコケをコンピュータが識別できるようになった。 →口絵5

図7.3　現代日本の荒れ地のシンボル，セイタカアワダチソウ.

外来植物で，繁殖力は非常に高く，放っておけば空き地を埋めつく
す．その結果，ススキなど日本在来の植生を圧迫することが問題と
なっている．これらがどこにどの程度生えているかを知ることが対
策の第一歩なのだが，人が探しに行き，目視で確認して，手作業で
地図に入力するなどの地道な作業には，たいへんな労力を要する．
それでも無限の予算と労働力があれば実現可能だが，環境保全のた
めに使える予算はどこの自治体でも限られているのが現状である
（図7.3）．

　そこで僕は，人工知能を使うことを思いついた．画像からセイタ
カアワダチソウを見つけ，その場所を地図にマークしていくとい
う作業は，まさに人工知能にうってつけの仕事なのである．具体的
には，自家用車のドライブレコーダーの動画を解析し，そのなかに
写っているセイタカアワダチソウを見つけ出す．同時にGPSで緯
度・経度を記録していれば，セイタカアワダチソウを見つけた場所
を特定し，地図にマークすることができるのだ．

　実験を重ねて実用化に成功すれば，市民ボランティアの協力を仰ごうと考えている．自家用車のドライブレコーダーの動画と GPS のデータをアップロードできるウェブサイトを開設する．いただいた動画を人工知能が解析し，セイタカアワダチソウを検出する．検出された時刻を GPS データと照合し，セイタカアワダチソウが生えていた場所の緯度・経度を特定する．その結果をインターネット上の地図サービスに表示すれば完成だ．こうして，人力ではとうてい不可能なほど大量のデータを人工知能が自動的にさばき，日本全国のセイタカアワダチソウ分布マップができるのである．人工知能を使うことは，市民ボランティアのみなさんのプライバシーの保護にも役立つ．アップロードされた動画や GPS データは，人の目に触れることなく，自動的に処理される．処理済となれば消去するため，この点でも人間の目で識別するより効果的である．精力的にセイタカアワダチソウの駆除を進めている自治体も多い．この分布マップはそのような活動に大いに役立つだろう．そして，オオキンケイギクなど，この手法の対象となる外来植物はほかにも存在すると考えている（Ise et al. 2018; Onishi and Ise 2018; 渡部ほか，印刷中）（図 7.4）．

　このほかにも，アイデア次第でディープラーニングが活用できる研究はたくさんあるとにらんでいる．友人で芸術家の川久保ジョイさんと話していて，「人工知能で未来を予測することはできるか」という話題が出た．もともと僕は，海洋研究開発機構でスーパーコンピュータで気候変動を予測する研究をしていたため，「そのスジの人」なのである（6.2 節「研究者の就職事情」を参照）．しかし，ジョイさんと話すまでそういう発想が浮かばなかった．やはり芸術家は刺激を与えてくれるものである．

　人工知能に触れるまで僕がやっていたことは，物理学や生物学の

図7.4　特定外来生物に指定されているオオキンケイギク．その美しさと育てやすさから積極的に植えられることも多かったが，いまでは厄介者だ．

法則に基づくシミュレーション研究だった．コンピュータのなかで小さな物理現象や生物現象を積み重ねていって，地球全体の二酸化炭素の量を予測し，その結果将来の気候が推定される．小さな現象の積み重ねという点で，これはボトムアップ型の研究だといえる．そして現在，世界の気候変動の研究は，ボトムアップ型が圧倒的に主流を占めているのである．

　これとは逆に，人工知能を使った研究はトップダウン型である．気候を決定する具体的な物理現象を取り扱わずに，パターン認識の技術で過去の気象データから気候の規則性をキャッチすることを目指すのである．20世紀初頭から21世紀初頭までの100年を超える全世界の気象データは一括でダウンロードできるようになっている（イギリスのClimate Research Unitという研究機関が提供してくれている）．現在，このビッグデータを用いて，世界各地の気候を画像化し，気候の規則性を検出する研究を進めている．ちなみにジョイ

図7.5 タイムマシンをもたない僕らに未来を予測することは可能だろうか. ある者は芸術家として試行し, またある者は科学者として夢を見る.

さんとのたくらみは芸術の分野でも身をむすび, 森美術館の六本木クロッシング 2019 展での彼の展示作品『アステリオンの迷宮—アステリオンは電気雄牛の夢をみるか?』となった.（Ise and Oba, 2019）（図7.5）

7.2　シミュレーションの信頼性を向上させる

　僕が専門としてきたコンピュータシミュレーション. それは, 生態系や地球環境の未来を予測するための重要なツールだ. タイムマシンをもたない僕たちが, 未来を客観的に予測して, それに基づいて現在の行動を決定することを可能にする. この本で学んできたように, 地球温暖化対策や生物多様性の保全などの環境問題には取り返しのつかないことが多いので, 事前に予測することが大事なのである. うまく使えば,「いま人間がどのような行動をとれば未来の環境がどう変わるか」というシナリオに基づいた研究が可能であ

り，これは個人や社会の意思決定に重要な影響を及ぼしうるのだ.

　コンピュータの性能がぐんと上がり，ビッグデータが手に入るようになったいまのご時世．シミュレーションの精度が向上してしかるべきであろう，と考えて当然のような気もするが，実はそうでもない．コンピュータシミュレーション自体は，ビッグデータとの親和性が高くないのである．観測データを再現する性能が高いシミュレーションが望ましいというのは事実であるが，データが巨大になると，手作業で観測データとシミュレーション結果を合わせることに限界が生じてくる．人間の記憶力や情報処理能力には限界がある．ビッグデータのごく一部分にシミュレーションを最適化した結果，別の部分にしわ寄せが生じてトータルでのパフォーマンスが低下するというのはよくある話である．だから，ビッグデータを使ってシミュレーションの精度を上げることはとても大事なことである.

　僕が最近身につけた技術は「データ同化」だ．データ同化とは，ごく簡単にいうと，ビッグデータを使ってシミュレーションモデルを調整する技術である．シミュレーション結果をビッグデータと比較して，そのパフォーマンスに何らかの得点をつける．データ同化は，その得点を自動的に最大化するコンピュータプログラム．人間がうまく得点を定義すれば，あとはコンピュータまかせで性能が向上していくという人工知能の一種である.

　この技術を実用化した例をひとつ紹介しよう．科学技術振興機構（JST）から受託した研究で僕が実施したのは，データ同化で森林生態系の季節変化を予測するというものだ．春，どのくらい暖かくなると木々は葉っぱを出すのだろう．秋，どのくらい気温が下がると木々は紅葉するのだろう．これらの疑問はたいへん基本的なものであり，生態学者はあたりまえのように知っているはずだ，と読者

のみなさんは考えるかもしれない．しかし実は，生態学者たちもあまりよく理解できていなかったのである．

　ある特定の場所で，落葉広葉樹がいつ葉を出し（展葉），葉を落とすか（落葉）を調べるのは比較的簡単だ．毎日の気温を記録していき，暖かい日や寒い日がどのくらい続けば展葉・落葉するかを分析すればよい．そしてこのような研究は何十年も前から行われている．しかし問題となるのは，世界を大きな目で見た場合だ．寒い地方にはその環境に適応した植物が生えているので，暖かい場所の研究結果をそのままあてはめるのは危険である．特に，地球温暖化でツンドラにタイガの針葉樹が生えてくる，というような壮大な研究をするには，広範囲で成り立つ関係性を見つけなければならない．しかしこれは簡単な話ではない．従来の統計では，多種多様な環境条件をもつビッグデータはうまく取り扱うことができなかったからである．事実，いまも日本で広く使われている展葉・落葉の予測モデルは，70年以上も前につくられたものだ．それ以降いろいろな生態学者が研究をしてきたものの，その古いモデルを上回るものはなかなかできなかったのだろう．そのような不十分なモデルを組み込んだコンピュータシミュレーションは，十分な性能を発揮できないのである．

　このような現状を打開するために，僕は粒子フィルタとよばれるデータ同化の一種を使うことにした．粒子フィルタという技術は，展葉や落葉に関するパラメータを微妙に少しずつ変えたシミュレーションを何千・何万と同時に走らせて，その結果がどのくらい観測と合致しているかを評価する．その評価に沿ってふたたびパラメータを調整し直して，またシミュレーションを実施する．これを繰り返すことで，最適なパラメータの値を推定することが可能となる．たとえば，古い研究では，植物が「春が来た」と感じて展葉の準備

をはじめる気温は 5℃ とされてきた．データ同化では，このパラ
メータを 5.8℃・3.7℃・4.3℃……というように乱数を使って何千・
何万通りに変えてシミュレーションし，その結果を評価する．さら
に，展葉・落葉・光合成・有機物の分配など，植物の生理にかかわ
る複数のパラメータを同様に変えてシミュレーションし，そのベス
トな組み合わせを探ることが可能だ．これは，ビッグデータとスー
パーコンピュータの時代だからこそできる生態学の研究といえる．

　使ったビッグデータは，日本の広域をカバーするアメダスの気温
データと，人工衛星から観測された，地表面の植物活性（NDVI と
よばれる指数）だ．これにより，春先の気温と展葉のタイミングの
関係・秋の気温と落葉のタイミングの関係を分析することができ
る．人工衛星やアメダスデータは，人力でのフィールド調査ではと
うてい得られない量のデータを提供してくれる．そして，粒子フィ
ルタでビッグデータとシミュレーションの整合性を高めていくこと
で，広域で成り立つ，気温と葉っぱの関係性のモデル化に成功した
のである．

　その結果は深い意味をもつものだった．ひとことで落葉広葉樹と
いっても，日本の北と南では，その季節性は大きく違う．南方に生
育する落葉広葉樹は，春，十分に暖かくなるまで葉っぱを出さない
し，秋は，少し肌寒くなってきたくらいで紅葉をはじめてしまう．
逆に，北海道の落葉広葉樹は，春はまだ暖かくなる前から葉っぱを
出し，秋はかなり寒くなっても「粘って」，なかなか葉を落とさな
い．寒い地方の樹木は，こうして成長期間を長くすることで環境に
適応しているのだ．では，暖かい地方でも早春から葉っぱを出せば
よい？　しかしそれはリスクを伴う．あまり早く葉っぱを出してし
まうと，遅い霜が降りたりして，せっかく出したばかりの葉っぱが
ダメになってしまうことも多々あるからだ．だから，南方の植物は

展葉基準温度

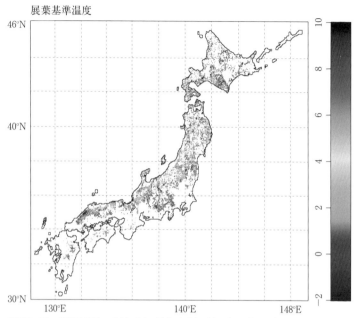

図 7.6　寒い地域と暖かい地域では，植物が「春が来た」と感じる気温が違う．あたり
　　　まえのことではあるが，それをビッグデータとシミュレーションで数値化す
　　　ることに成功した．→口絵6

十分に暖かくなるまで葉っぱを出さない．しかし北方の植物は，そ
ういうリスクに対して慎重になっていると成長期間が短くなるた
め，リスク覚悟で早く葉っぱを出しているのだ（**図7.6**）．

　以上書いたことは，生態学者であれば何となく漠然と理解してい
ることだろう．しかしこの研究の意義は，漠然とした理解を数字で
示したことだと思う．こうして僕らは，生態系の挙動を数式化・モ
デル化することができ，そのモデルを使ったシミュレーションで未
来を予測することができ，環境のあるべき姿を議論できるようにな
るのである．

文　献

鬼頭秀一（1996）『自然保護を問い直す』ちくま新書.

佐藤英毅（1972）徳島市に蚊の天敵として移殖したカダヤシに関する観察. 衛生
　　動物, **23**: 113-127.

ドネラ・H・メドウズ（1972）『成長の限界—ローマ・クラブ人類の危機レポー
　　ト—』ダイヤモンド社.

渡部俊太郎, 大西信徳, 皆川まり, 伊勢武史（印刷中）深層学習による植物種と
　　植生の自動識別とその生態学への応用. 保全生態学研究.

Ise, T., Moorcroft, P. R. (2008) Quantifying local factors in medium-frequency
　　trends of tree ring records: Case study in Canadian boreal forests. *Forest
　　Ecology and Management*, **256**: 99-105.

Ise, T., Minagawa, M., Onishi, M. (2018) Classifying 3 moss species by
　　deep learning, using the "chopped picture" method. *Open Journal of
　　Ecology*, **8**: 166-173.

Ise, T., Oba, Y. (2019) Forecasting climatic trends using neural networks: an
　　experimental study using global historical data. *Frontiers in Robotics
　　and AI*, **6**: 32.

Onishi, M., Ise, T. (2018) Automatic classification of trees using a UAV
　　onboard camera and deep learning. arXiv, arXiv: 1804.10390.

Proud, B. (2017) *Environmental Ethics*: *A Graphic Guide*. Independently
　　published.

Sato, H., Itoh, A., Kohyama, T. (2007) SEIB-DGVM: A new dynamic global
　　vegetation model using a spatially explicit individual-based approach.
　　Ecological Modelling, **200**: 279-307.

Tilman, D., Hill, J., Lehman, C. (2007) Carbon-negative biofuels from low-
　　input high-diversity grassland biomass. *Science*, **314**: 1598-1600.

あとがき

　この本を最後までお読みいただきありがとうございました．生態学者の立場から環境問題について語るように，自分の経験や経歴を含めて語るように，生態学と環境学をつなぐ架け橋となるように．こんなオファーをいただいて，最初は正直戸惑いました．しかし，こんな本を書けるのはお前しかいないなどとおだてられ，調子に乗って自由に語らせていただくことになりました．愛想を尽かさずにお付き合いくださった読者のみなさんの寛大さに最大限の賛辞を送らせていただきます．環境問題の解決のためには，関係する人びとの意見を辛抱強く聴くことが大事です．僕の壮大なひとりごとにお付き合いいただいたということだけでも，みなさんの辛抱づよさは折り紙つきです（笑）．

　僕は，日頃は自然科学の研究をやっています．しかも，数学とかコンピュータとかをバリバリに使う研究が本職です．しかし僕のあたまのなかは，理系じゃなく文系だなぁとつくづく感じています．そもそも中学のときは文系のほうに興味がありました（高校は家庭の事情で工業高校に行くことになったので，いやおうなく理系をやりましたが）．アメリカの大学はとても緩く，自分の専門を決めるのをかなり先延ばしにすることができました．日本の大学では，たとえば農学部に入学したら農学を専攻するしかない．でもそれって，高校生のうちに決められることなのでしょうか？　アメリカの大学を受験する場合，○○学部に合格というのではなく，○○大学に合格というシステムのことが多いです．だから，その大学がオファーする

専門のなかから，卒業までに自分の専門を決めればよい．文系にでも理系にでも進めるのです．僕自身，経済学や考古学にも興味があっていろいろ勉強しました．そのうえで，自分は生態学を専門にしようと考えたのは大学で丸2年過ごしてからでした．そして生態学を専門とするために必要な単位をそろえたのです．

　こうやってあやふやな人生をふらふらと送ってきた僕ですが，それゆえに，若い頃からガチでひとつの専門分野を極めた人に対して強い劣等感を抱いています．だって数学とか専門家にはかなわないもの．でも，ずっと落ち込んでいても仕方がないので，こんな僕だからこそできることがあると前向きに考えることにしました．あたまのなかが文系だからこそできる理系の研究もあるし，人生回り道してきたからできることもある．趣味の芸術鑑賞とかお寺めぐりとか文学とか，そういうものが活かされることもある．こんな僕でもどっこい生きていることが，読者のみなさんのこころのなかの多様性に少しだけでも寄与できることを願い，ひとりごとを終わりたいと思います．

生態学から環境問題を考える

コーディネーター　巌佐　庸

人類は，農業や牧畜によって食料を安定して手に入れるようになった．また医療によって，さまざまな疾病も克服し，いままでにない繁栄を迎えている．Hans Rosling によると，まだ多くの困難が残っているものの，数十年から数百年のスケールで見れば，教育レベル，健康状態，平均寿命，生活の便利さなど，開発途上国も含めてほぼすべての国において着実に改善されているという．これは，さまざまな困難や不幸を指摘し，改善を訴え，対処法を考え，最終的に社会としても対応するようになった結果，つまり多くの人びとの努力のおかげだ．これがなされる上で，科学はきちんとした理解を与えることによって，具体的な問題解決のうえでも人びとの合意形成でも，非常に重要な役割を果たしてきた．

地球環境問題に含まれる問題は幅広い．地球温暖化，気象変化，その原因としての二酸化炭素濃度の上昇，廃棄物処理，エネルギー資源の枯渇，新たな感染症の勃発など，さまざまな困難が含まれる．これは，生物である人間が，環境中の資源を利用して生活し，人口を増やして自然への影響力を強めてきたことから生じたものである．解決が難しいものもあるけれども，工夫して乗り越えていけるものもある．

そのなかでも，生物多様性の喪失は特に急を要する問題だ．さまざまな努力にもかかわらず，いまでも毎年かなりの数の野生生物種が滅び続けていて，一向に収まる気配がない．人間は住居や工場，

農地，放牧地をつくるために，森林や草原を切り拓き，砂浜を埋め立ててきた．しかし生息地が縮小すると，もともとそこにいた生物は棲めなくなる．面積を縮小して一部を保護区として残したとしても，数百年，ときには数千年をかけて，次第に種数が減少していく．人間が持ち込んだ外来種がはびこって在来の種を駆逐することも多い．人間が自然を利用することで適度に撹乱が起きた環境に適応した生物も多数いるが，それらは人間が自然の利用をやめてしまうと滅ぶこともある．いったん滅んだ生物は復元できないのだから，野外生物の絶滅はできる限りとどめたい．これが保全生物学の目標である．

　保全生物学，外来種問題，乱獲などの話題を中心にして環境問題の基本的な考えを読んでいると，人びとの間の合意形成の仕組みや決めたことを守らない行動への監視・処罰などの制度の設計といった，社会科学的な話題がかなり重要になる．これらは，自然科学と社会科学が分離していっては対応ができないテーマなのだ．

　本書では，これらの多数の話題について，わかりやすく説明される．著者の伊勢武史さんは，現在京都大学の芦生研究林の管理にたずさわっておられることもあり，森林や野生生物の保全に取り組んでおられ，どのようにして自然を保護し，また利用すべきなのかについて日頃から考える機会も多いのだろう．

　伊勢さんは，本書を環境倫理からはじめている．最初に共有地の悲劇や NIMBY の困難に触れる．続いて Aldo Leopold や John Muir などの考え（思想）がわかりやすく説明される．伊勢さんがアメリカの大学で学んだとき，環境倫理の教育をきちんと受けられたのだろう．最終章では，科学の活動はどういうものか，ということについての伊勢さんの考えが述べられている．個々の実例を理解したり対応技術を習得したりすること以上に，基本的な考えを学ぶ

ことが大事なのだ.

　環境問題に関連した生物学の研究を取り上げた書物として，本書と同じ「共立スマートセレクション」シリーズのなかでは，加茂将史さんによる『生態学と化学物質とリスク評価』がある．環境中の化学物質の生物に対する悪影響を推定し，それをもとに化学物質を管理することについて，どのような研究がなされているのかわかりやすく示されている．森章さんの『生物多様性の多様性』には，生物多様性を保全する価値が説明されている．海部健三さんの『ウナギの保全生態学』や鹿野雄一さんの『溺れる魚，空飛ぶ魚，消えゆく魚』などでも関連する話題が取り上げられている．

　伊勢さんは，大学院以来，コンピュータシミュレーションによって，地球環境変化，つまり二酸化炭素濃度の上昇や温暖化，それに伴う降雨量の変化などがもたらす生態系や植生への影響を評価してきた．本書の後半で一部紹介されているように，伊勢さんはいまもそのような研究を続けている．しかし本書の内容は，生物多様性の保全の話題を中心にまとめられた．

　伊勢さんに初めて会ったのは，いまから15年ほど前のことだった．私は，発がんプロセスを進化過程として解析する共同研究のため，毎年数ヶ月をハーバード大学で過ごしていた．個体・進化生物学教室には，地球環境変化に対する生態系への影響のシミュレーション研究を行うMoorcroft研究室があり，伊勢さんはそこの大学院生だった．話を聞いてみると，学部からアメリカの大学に入学されたという．伊勢さんが進められている研究は，日本でもとてもニーズがある．しかし，当時の日本の生態学者には取り組もうとする若手研究者がいない．だから，もし伊勢さんが日本に帰って研究職に就きたいと思われたら大活躍できるだろう，と話した．

　そのとき，日本の生態学会について説明した．アメリカ生態学で

の環境問題への関心の高さに比較して，日本の生態学者は保全生物学や地域集団の絶滅には興味をもつものの，残念ながら地球環境変化には関心が薄い．それから，アメリカだったら進化生物学や動物行動学という生態学とは別と見なされている学問分野が，日本ではすべて生態学の一部と見なされていることは日本の生態学の強みだ，などと言った記憶がある．

　伊勢さんに説明しながら，たしかに日本の生態学者は，環境問題への対応に，「腰が引けている」と感じた．当時の生態学会では，自分たちは生物の野外での挙動に関心があるので，人間の引き起こした環境問題は工学や化学・材料科学の研究者が，地球温暖化の推定は気象学の人が，費用分担の仕組みは経済学者が，というようにそれぞれの専門家が扱うべきものと考えていた．地域の開発計画への反対運動に取り組む人はいるものの，地球環境の問題，人間の生き方に関する話題，地球温暖化に至っては，専門でもない自分たちが意見を言うのはどうか，といった雰囲気であった．

　1980年代はじめに私がスタンフォード大学で博士研究員として過ごしたとき，Paul Ehrlich教授は，専門研究者の間では昆虫と植物との共進化にかかわる重要な概念を提出した業績で尊敬されていたが，一般社会では世界の人口問題に警告を発したことで有名だった．私がいた2年間にも，ゴミの問題，エネルギーの問題などを含めた環境問題についての書物を次々と出版し，保全生物学の研究所も維持していた．同じ教室で大学院生として育ったSteve Pacalaは，大学院のときにはカリブ海のトカゲの競争実験と進化の理論を研究していたが，プリンストン大学の教授となってからは，森林での樹木のダイナミックスを記述する点過程モデルとモーメント力学理論を展開し，コネチカットでの野外調査を成功させて森林シミュレータ研究を定着させた．その後，プリンストン大学の気象学の研

究者らと共同で，二酸化炭素削減に対する森林生態系の寄与を評価
する研究を行い有名になった．その学生だった Paul Moorcroft が，
伊勢さんの指導教員だった．生態学者は，現代社会での課題の理解
と解決に寄与することが重要だという姿勢は，Steve が大学院生の
ときに身につけたものだと感じた．

　1990 年代に地球環境変化について物質循環の観点から評価する
国際プロジェクトがあったが，そのリーダーの 1 人にスタンフォー
ド大学の植物生理学者 Hal Mooney がいた．Hal は，植物の水分や
窒素の利用効率についての研究で成果を挙げた人だった．地球変化
に関しては，二酸化炭素濃度が上昇したときに植物の光合成速度は
一時的に上がるが，しばらくすると元に戻るのはどうしてか，とい
った植物の生理機構の研究を行うとともに，地球環境変化や生物多
様性喪失などの国際プロジェクトをいくつも取りまとめていた．ま
た，実験室内で人工環境での種の共存を調べていた David Tilman
が，種の多様性があることで生態系としての機能がどれだけ改善さ
れるのかという課題を設定して，大規模な野外実験を遂行させたこ
ともある（5.2 節で紹介されている）．

　このようにアメリカのさまざまな分野の生態学者は，社会の課題
を解決するうえでどのように役立つかを考えて研究を発展させるこ
とが，専門研究分野の最先端を進めることになると考えていた．ま
た社会の課題解決に貢献できることは専門分野の存在意義として重
要なことだ，という認識も行き渡っていた．大事なことだが，専門
研究のうえで第一級の生態学者こそ環境問題に対して積極的に貢献
する，という雰囲気が維持されている．

　本書で伊勢さんは，環境問題に対して積極的に取り組む姿勢を示
されているが，このような背景がある．

　伊勢さんはアメリカの大学で学び，大学院に進学して地球環境変

化に対する植生や生態系の影響を取り込んだモデリングを研究課題
とした．その事情は本書にも詳しく書かれている．アメリカでは大
学生や大学院生はめちゃめちゃによく勉強してくる．しかし，それ
さえ覚悟すればすべてはフェアな世界であるという．この情報は，
研究者になろうとする高校生や大学学部生の読者にはとても有用だ
ろう．伊勢さんは，最近はモデリングに加えて，データサイエンス
の手法を取り込む研究を進めておられる（第7章）．面白そうと思
ったら何でも取り込んで，という積極姿勢は，アメリカでの研究生
活から学ばれたものなのかもしれない．

　伊勢さんは，博士の学位を受けた後に帰国し，いまでは日本の大
学で教鞭をとっておられる．これとはいわば逆に，日本の大学や大
学院を修了した後で国外の大学や研究所に就職して活躍している人
の経験談が，増田直己さんがまとめられた『海外で研究者になる：
就活と仕事事情』（中公新書）に書かれている．増田さん自身に加
えて，海外の大学で教鞭をとったり研究所でグループの長として活
躍している研究者17名のインタビューもなされていて，とても良
い本である．

　伊勢さんの本と増田さんの本はともに，日本の高校生や大学生に
対して，海外で学んだり海外での研究経験をもつことへの良い刺激
になると期待する．特に，突然のように海外に留学しようと思い立
ち，たいへんだったが頑張ったら道が拓けてきた，という伊勢さん
の文章を読むと，若い人は「自分にでもできるかも」と思ってくれ
るかもしれない．

　本書でも強調されているように，本当に役立つ科学を進めるに
は，生物学とコンピュータサイエンス，数学，さらには，経済学や
社会学など，幅広い分野の学問が必要になる．日本の高校では，大
学の受験勉強を中心においた教育をしており，大学生は日本の会社

への就職ばかりを考えて過ごしている．特に，受験勉強の効率を考えて，文系か理系かを高校1年生に選ばせ，その後の科目選択を狭めるというのは，若者を育てるうえでは本当にダメなやり方だ．日本の社会は近い将来そのツケを払わされることになると私は危惧している．高校生の諸君は，受験勉強しか考えない周りに合わせず，自分に本当に必要なことを意識して学ぶようにしないといけない．伊勢武史さんの本を読むことで，その点についてしっかり考えてほしい．

索 引

memo

memo

著 者

伊勢武史（いせ たけし）

2008 年　ハーバード大学大学院 進化・個体生物学部修了（Ph.D.）
現　　在　京都大学フィールド科学教育研究センター 准教授
専　　門　植物生態学，ビッグデータ解析

コーディネーター

巌佐 庸（いわさ よう）

1980 年　京都大学大学院理学研究科博士課程修了
現　　在　関西学院大学理工学部 教授，理学博士
専　　門　数理生物学

共立スマートセレクション 31
Kyoritsu Smart Selection 31

生態学は環境問題を
解決できるか？

Ecological Knowledge:
Can be a Solution for
Environmental Problems?

2020 年 2 月 15 日　初版 1 刷発行

著　者　伊勢武史　　© 2020
コーディ
ネーター　巌佐 庸

発行者　南條光章

発行所　共立出版株式会社
　　　　郵便番号　112-0006
　　　　東京都文京区小日向 4-6-19
　　　　電話　03-3947-2511（代表）
　　　　振替口座　00110-2-57035
　　　　www.kyoritsu-pub.co.jp

印　刷　大日本法令印刷
製　本　加藤製本

一般社団法人
自然科学書協会
会員

検印廃止
NDC 519.8, 468

ISBN 978-4-320-00931-8　　Printed in Japan

共立スマートセレクション

【各巻】B6判・並製
税別本体価格 1600 円 〜 2000 円

以下続刊

（価格は変更される場合がございます）

.